· 元气满满下午茶系列·

AMERICAN CHUNK COOKIE

手作曲奇

[韩] 李承原 著

元星姬 译

中国轻工业出版社

图书在版编目（CIP）数据

手作曲奇 /（韩）李承原著；元星姬译 . — 北京：中国轻工业出版社，2022.9
（元气满满下午茶系列）

ISBN 978-7-5184-3893-8

Ⅰ . ①手… Ⅱ . ①李… ②元… Ⅲ . ①饼干—制作 Ⅳ . ① TS213.22

中国版本图书馆 CIP 数据核字（2022）第 031191 号

责任编辑：张　靓　王宝瑶

策划编辑：张　靓　王宝瑶　　责任终审：劳国强　　封面设计：奇文云海

版式设计：锋尚设计　　　　　责任校对：朱燕春　　责任监印：张　可

出版发行：中国轻工业出版社（北京东长安街6号，邮编：100740）

印　　刷：鸿博昊天科技有限公司

经　　销：各地新华书店

版　　次：2022年9月第1版第1次印刷

开　　本：710×1000　1/16　印张：11.25

字　　数：180千字

书　　号：ISBN 978-7-5184-3893-8　定价：68.00元

邮购电话：010-65241695

发行电话：010-85119835　传真：85113293

网　　址：http://www.chlip.com.cn

Email：club@chlip.com.cn

如发现图书残缺请与我社邮购联系调换

210634S1X101ZYW

手作曲奇

超人气曲奇店的30种美味配方

序　言

超级简单又美味的手作曲奇

"吃热曲奇?"

"这个曲奇真的是又柔软又筋道耶!"

第一次到CRE8曲奇(店铺名)的客人常常会发出这样的疑问和感叹。手作曲奇正应当是柔软、筋道又有温度的,还会让手上沾到甜甜的巧克力,而不是清脆易碎、没有温度的样子。因为怀念在美国吃到的那些手作曲奇,我便创立了自己的曲奇店——"CRE8曲奇"。在CRE8曲奇不仅可以体验到咬下一大口热热的曲奇的幸福瞬间,还能拥有将自己亲手制作的曲奇送给亲朋好友的小小成就感。我想与更多的人分享那句当舌尖感受到浓浓的香甜时不由自主发出的:"啊,好幸福!"

制作曲奇真的超级简单又方便

在烘焙中不需要特别的工具就能简单快速制作的产品非曲奇莫属。在制作好面糊放进烤箱烘烤的瞬间,曲奇就开始散发它的魅力。将制作好的面糊分成小份冷冻保存可以使用一个月,什么时候想吃曲奇了,只要取出保存在冷冻室的面糊烤上10分钟,就能看到热乎乎又美味的曲奇闪亮登场。不需要特地准备专用烘焙工具,所需的材料在普通超市就可以轻松购入,在美国,手作曲奇是一件再平常不过的事情,就像我们做饭一样,想吃就做。但是在韩国却很难找得到这样简单又日常的曲奇。所以,接下来就由我来教大家怎样在家轻松制作美味的曲奇。这本书中收录了CRE8经典畅销款的制作方法。先以客人晚一步就会因抢购一空而白跑一趟的爆款"美式经典曲奇"打好和面的基础,再详细介绍与添加在表层的辅料相辅相成的"CRE8创意曲奇",以及在各大社交平台成为热门话题的"招牌热门曲奇"。

原汁原味，来自纽约的配方

以前我经常和朋友聚在一起制作曲奇，不知不觉中对曲奇产生了浓厚的兴趣，于是在自己试做数百种曲奇配方的过程中，自然而然地研究出了能够符合自己所期望的味道和口感的制作方法。其实曲奇是一种简单到你想搞砸都很难的烘焙，做得再差烤出来后都会有模有样——这真是一种神奇的饼干。就在让我身边的朋友沉浸在幸福里吃胖的过程中，CRE8的招牌曲奇应运而生了。再告诉大家一个秘密——当你拿出香喷喷又热乎乎的曲奇时，即便那是一个被你搞砸了的曲奇，也没有一个人能够抵挡住它的诱惑。所以说，CRE8的曲奇是一种有魔力的饼干，它从来没有失败这一说。

为什么要公开相当于商业秘密的配方

CRE8曲奇的商业秘密不是配方，而是送给大家一份如回归童年般的快乐和幸福感的品牌定位。我在店铺里为大家准备好画纸、彩笔、乐高、曲奇工具箱的初衷也在于此。真心希望至少在这里，客人可以关掉手机，把一切烦恼和不安抛掷脑后，动动手指、捏捏曲奇，吃甜食吃到满足，尽情享受这份快乐。如果这本书能够让大家即使不来店铺，也能随时随地地体验到这种快乐，那么我将别无所求！

感谢你们

托各位的福才有幸完成CRE8曲奇这张"大拼图"：在口口相传的好评中分店遍地开花，并且深受喜爱。在这里要谢谢大家。感谢我的家人，你们是我最坚强的后盾，在我每每做出鲁莽草率的决定时，总是坚定不移地给予我最大的信任和支持。感谢命中注定般在曲奇店相遇，至今每天都在一起烤曲奇的强大的老公。还要感谢对我的求助总是爽快答应、给予我最大支持的朋友和熟人，以及与CRE8共同成长的员工。CRE8的每一个配方里都凝聚着无数人的付出，每一个配方都来之不易。

无需专用工具，
也不需要专门准备食材，
真的超级简单。
接下来为大家送出一份美味曲奇带来的幸福。
请慢慢享用哦！

CRE8曲奇创始人　李承原

目　录

New York Best Cookies

寻找纽约高人气美味曲奇

CRE8Cookies

从纽约到首尔的CRE8曲奇

American Classic

第一部分　美式经典曲奇

经典巧克力块曲奇　52　　　　　双巧曲奇　56　　　　　花生酱曲奇　60

第二部分　CRE8创意曲奇

派对时光曲奇　102

培根花生酱曲奇　106

辣味薯片曲奇　110

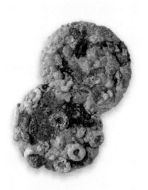

谷物麦片曲奇　114

能多益巧克力榛子酱曲奇　118

花生酱与草莓酱曲奇　122

椰子巧克力块曲奇　126

奥普拉曲奇　130

苹果肉桂曲奇　134

第三部分　**招牌热门曲奇**

Cookies

寻找纽约高人气美味曲奇

Levain Bakery 的
传统曲奇

365天，每天都需要排队才能吃到的传统曲奇。

Levain Bakery曾数次登上《纽约时报》和知名电视节目，以"有生之年一定要尝尝的巧克力曲奇"而家喻户晓。每次去都能看到门口长长的队伍，队伍里不仅有纽约当地人，还有从各国慕名而来的游客。Levain Bakery的特点是其惊人的厚度，尤其以掰开时内部肉眼可见的滋润质感而闻名。那种强烈的甜味一如既往，我吃了10年也难以适应，但是其独有的滋润而筋道的口感却有着令人无法抵挡的魔力。下面向大家介绍纽约Levain Bakery的招牌曲奇配方——在家体验一下吧！吃过之后你就会不由自主地点头，明白为什么会有那么多人排着队也要买它啦。

店铺地址： 167 West 74th street, New York
电话： 212-874-6080
营业时间： 周一至周六08:00～19:00/周日09:00～19:00

Bakery

Your Little Piece of Cookie Heaven

招 牌 食 谱

烘焙时间	烘焙温度	数量
8~10分钟	190℃	12个

原 料 表

油糖原料

无盐黄油 225克
黄砂糖 200克
白砂糖 100克
鸡蛋 2个

面粉原料

中筋粉 300克
淀粉 4克
盐 2克

辅料

牛奶巧克力 130克
黑巧克力 130克
核桃 250克

制 作 步 骤

1　在搅拌盆中加入无盐黄油、黄砂糖、白砂糖，使用电动搅拌机搅拌均匀，搅拌过程中转速由低速慢慢提升至高速。

2　加入鸡蛋，以电动搅拌机中速搅拌均匀。完成第一道工序——油糖搅拌。

3　在另外一只搅拌盆中加入中筋粉、淀粉、盐，使用硅胶刮刀搅拌均匀。搅拌过程中使用筛网将结成块的面粉打散。完成第二道工序——面粉搅拌。

4　向步骤2的油糖搅拌中加入步骤3的面粉搅拌，使用硅胶刮刀搅拌均匀至看不见粉状物。

5　将牛奶巧克力、黑巧克力、核桃切成一口大小放入面糊中，使用硅胶刮刀搅拌均匀。

6　将搅拌好的面糊等分成每份一个拳头大小（约100克）放置于烤盘上，放进预热至190℃的烤箱里烤8~10分钟至曲奇边缘呈轻微的褐色。取出后晾10分钟以上，使其充分冷却。

CRE8曲奇的
笔记

这是降低了甜度的配方，真正的Levain Bakery曲奇甜到让人后颈酥麻的程度。如果想尝试原汁原味的"美国味道"，白砂糖和黄砂糖的使用量可以各增加50克。

Cookie DŌ的曲奇面糊

视觉冲击——可以生吃的曲奇面糊。

Cookie DŌ是一家售卖生面糊的店铺，在这里可以像吃冰淇淋一样，直接生吃滋润筋道的曲奇面糊。这种吃法不仅在纽约，还在全美迅速掀起了一股Cookie DŌ的热潮。你知道吗？对于美国人来说制作曲奇时最幸福的事情之一就是时不时地揪下一小块面糊放进嘴里！Cookie DŌ正是着眼于这样的小习惯开发出了可以生吃并且保证食品安全的配方。也正是因为这独特的思维模式，嗅觉敏锐的纽约客开始在店铺前排队抢购。又因被各大媒体和杂志相继报道而迅速风靡全美，成为炙手可热的网红美食店。在这里可以看到小小的店铺前排起的长队延伸到马路对面，成为一大街景。佩戴彩色帽子的店员用对讲机沟通着的忙碌身影也会给人留下深刻的印象。

店铺地址： 550 LaGuardia Place, New York
电话： 646-892-3600
营业时间： 周一闭店/周二、周三、周日10:00～21:00/周四、周五、周六10:00～22:00

招 牌 食 谱

数量
10冰淇淋勺（以一勺约50克计）

原 料 表

油糖原料

无盐黄油 113克
黑砂糖 50克
黄砂糖 50克
白砂糖 20克
香草精 2克
牛奶 50克

面粉原料

中筋粉 100克
可可粉 30克
盐 1克

辅料

牛奶巧克力 100克

制 作 步 骤

1　在搅拌盆中加入无盐黄油、黑砂糖、黄砂糖、白砂糖、香草精，使用电动搅拌机搅拌约4分钟至完全乳化。搅拌过程中电动搅拌机的转速由低速慢慢提升至高速。完成第一道工序——油糖搅拌。

2　将中筋粉放置于烤盘上，放进预热至180℃的烤箱里烤6分钟进行杀菌。

3　在另一只搅拌盆中加入完成杀菌并降温的中筋粉及可可粉和盐，使用硅胶刮刀搅拌均匀。搅拌过程中使用筛网将结成块的面粉打散。完成第二道工序——面粉搅拌。

4　向步骤1的油糖搅拌里分3～4次加入步骤3的面粉搅拌和牛奶，使用硅胶刮刀搅拌均匀。

5　将牛奶巧克力切成一口大小加入面糊，使用硅胶刮刀搅拌均匀至看不见粉状物。

6　将搅拌好的面糊放入冰箱冷藏发酵4小时以上。

做好的曲奇面糊可以用勺子挖着吃，也可以像冰淇淋一样挖成球状放到蛋筒上吃，那样就像是从店里买回来一样的了，与冰淇淋一起吃也非常美味。原版的Cookie DŌ曲奇像Levain Bakery曲奇一样吃一口就能让人甜到后颈酥麻，因此本书介绍的配方经过了甜度调整。如果想尝试原汁原味的Cookie DŌ曲奇，那么黄砂糖的使用量增加50克即可。

Insomnia Cookies 的
外卖曲奇

凌晨叫外卖吃也不会有罪恶感的曲奇。

在韩国，回家时若电梯间里弥漫着炸鸡的味道，整栋楼都会像着了魔一样接二连三地叫炸鸡外卖。接下来向大家介绍的这款曲奇对美国人来说如同炸鸡在韩国人心中的地位。这家曲奇店营业到凌晨3点，能够在深夜将刚刚出炉的热曲奇送到客人手中。尤其在大学考试季，只要有一个人叫Insomnia Cookies外卖，那么这一整夜都会看到外卖员穿梭在宿舍楼中的身影。Insomnia Cookies的热乎乎的曲奇总是能让人感受到"妈妈的味道"，就算在深夜里大口大口吃也不会有罪恶感，仿佛手里握着一张"免罪牌"一样。

店铺地址： 299 East 11th street, New York（仅在纽约就有9家分店）
电话： 619-762-4610
营业时间： 9:00～次日3:00

招 牌 食 谱

烘焙时间	烘焙温度	数量
8～10分钟	180℃	24个

原 料 表

油糖原料	面粉原料	辅料
无盐黄油 225克	中筋粉 290克	牛奶巧克力 260克
白砂糖 100克	小苏打 5克	
黄砂糖 200克	盐 2克	
鸡蛋 2个		
香草精 5克		

制 作 步 骤

1　在搅拌盆中加入无盐黄油、白砂糖、黄砂糖，使用电动搅拌机搅拌均匀。搅拌过程中电动搅拌机的转速从低速慢慢提升至高速。

2　加入鸡蛋、香草精，以中速搅拌均匀。完成第一道工序——油糖搅拌。

3　在另外一只搅拌盆中加入中筋粉、小苏打、盐，使用硅胶刮刀搅拌均匀。搅拌过程中使用筛网将结成块的面粉打散。完成第二道工序——面粉搅拌。

4　在步骤2的油糖搅拌中加入步骤3的面粉搅拌，使用硅胶刮刀搅拌均匀。

5　将牛奶巧克力切成大块放入面糊中，使用硅胶刮刀搅拌均匀至看不见粉状物。

6　将和好的面等分成每份50克放置于烤盘上，放进预热至180℃的烤箱中烤8～10分钟至曲奇边缘呈褐色，取出后晾10分钟以上，使其充分冷却。

CRE8

COOKIES N CREAM
쿠 엔 크

PEANUT B

피넛버

CO

Cookies

从纽约到首尔的CRE8曲奇

DOUBLE CHOCOLATE

더블 쵸콜렛

CRE8 曲奇

晚一步就会售空——引爆社交网站的CRE8曲奇！

将刚出炉的柔软曲奇掰开，流出的香甜巧克力夹心沾在指尖上，蘸着牛奶大咬一口——多么幸福！在韩国只有在CRE8曲奇才能体会到的这样的"小确幸"。在这里可以看到琳琅满目的各种曲奇基于纽约名店的三大配方，按照韩国人的口味改良后制作而成。选用可以轻松购入的食材，口感筋道，更加健康。以经典巧克力块曲奇为代表，毫不吝啬地足量使用最高级的食材加以精心制作，演绎丰富而多层次的视觉与味觉的盛宴。盛在透明卡通杯里的招牌曲奇拿铁在各大社交平台上成为热门话题，在实体店还可以体验到更多曲奇主题的咖啡饮品。

店铺地址： 首尔市江南区德黑兰路25街36号（总店）
电话： 02-558-8890
营业时间： 工作日9:00～21:00/周末11:00～21:00

AT PECAN
STRAWBERRY
스트로베리
₩ 2,500

LEMON STRAWBERRY
레몬 스트로베리
₩ 3,000

NEW

BEST SELLER

'SMORE'S
스모어
₩ 3,500

COOKIES N CREAM · PEANUT BUTTER · DOUBLE CHOCOLATE · CHOCOLATE CH

GUT
the inside
of our bo
under r

PEANUTS
© 2015 Peanuts

店铺名的寓意为亲自创造（Create）你所希望的味道。将"ete"的发音用在英文中同音的数字"8"代替，增添了一点调皮和趣味感，CRE8曲奇的品牌就此诞生了。我本人是不太喜欢吃甜食的，但是我异常迷恋从制作到试吃过程中的那些甜美的瞬间。说到开CRE8曲奇的初衷，其实就是单纯因为自己想吃和想送给别人自己亲手制作的曲奇，所以客人会发现CRE8的曲奇有着滋润香甜的口感，却又不会太甜，每一块曲奇里都蕴藏着丰富的味道和故事，是很特别的曲奇。

在写这本书的时候，许多人问我为什么要公开自己辛辛苦苦开发的配方。我想说CRE8不是一个售卖曲奇的普通烘焙坊，它是一个向大家介绍并教大家如何制作有趣又特别的曲奇的品牌。如果大家可以在家里或者来到店里亲自制作一些曲奇，并且度过一段与曲奇变得更加亲密的时光，

我就满足了，也可以说CRE8已经实现了它的品牌价值。当你觉得和面很费时、烘焙很麻烦的时候，希望你可以随时来我们店铺玩。CRE8会在每个季度推出新品，并在社交平台上同步更新，这些新品均是由基础面糊用不同的制作方法完成的。无论是在店里还是在家，只要能看到有人做出比CRE8更有创意的曲奇，对我来说就是一种幸福。

在这里主要介绍CRE8最受欢迎的27款曲奇配方，每一款都是以坦诚的心和自由的灵魂做出来的。从面糊本身就已经非常优秀的经典曲奇，到在基础面糊上添加各种辅料演绎味觉平衡感的创意曲奇，以及具有丰富多彩的外形适合作为礼品使用的高人气曲奇，本书严选出最美味又简单的配方，谁都可以轻松制作。希望大家通过本书，在日常的点点滴滴中享受曲奇带来的快乐，拉近与曲奇的距离。

CRE8曲奇笔记

在美国，你可以在任何一家超市买到搅拌好的曲奇面糊，回家后放进烤箱里烤8分钟即可完成！说实话这可比煮方便面简单得多（韩国人喜欢吃方便面）。想象一下，一边呼呼地吹热气，一边大口大口地吃亲手制作的、热腾腾的曲奇，你的世界将会在瞬间变成粉红色的海洋。刚开业时，出于希望和大家一起分享这种美妙瞬间的想法，我在店里也准备了一些搅拌好的面糊售卖，但是后来得知在韩国大部分人对在家制作曲奇这件事感到非常不适应，就像每天用电饭锅煮米饭对美国人来说是一件非常难的事情一样。因此在第二家店铺开业后我推出了"CRE8曲奇体验套餐"，在店里准备好迷你烤箱、搅拌好的面糊、辅料等，方便大家体验亲自制作曲奇的快乐。没想到这个套餐非常受欢迎。真心希望不方便在家里制作曲奇的朋友们到店里体验一下！

CRE8曲奇的烘焙原则

请一定要遵守这5个烘焙原则哦!

1

巧克力和辅料一定要选用即便是单独吃,味道也是一流的上等产品。CRE8的所有曲奇均使用有机面粉和比利时进口的巧克力。

2

和面非常简单,但一定要记住:搅拌分为以湿性材料为主的油糖搅拌和以干性材料为主的面粉搅拌。两种搅拌需要在不同的容器中分别进行,最后再加以混合。

3

将等分成小块并准备烘焙的面糊放到烤盘上之后,取出藏在面糊里的辅料置于表面——这是容易被忽略的环节,但恰恰又是决定曲奇颜值的关键步骤。

4

面粉、可可粉等粉状材料在使用前过筛,确保没有粉块。

5

所有材料均使用电子秤称量,尽量不使用杯子、大餐匙等量取。

面粉搅拌　　　　　　油糖搅拌

制作工具

了解一下让烘焙时光快乐加倍的一些必备工具。

1 蛋糕冷却架
主要用途为放置刚从烤箱取出的烤盘，方便降温。

2 奶油包装纸
吸油纸的一种，可防止面团粘在烘焙工具上，使用时铺在烤盘或蛋糕烤模上即可。

3 搅拌盆
混合各种材料进行搅拌的工具。本书需要分别搅拌两种不同类型的材料，因此至少需要准备两个搅拌盆。除了搅拌材料外也会在很多情况下需要使用搅拌盆，所以建议准备不同尺寸的搅拌盆。为了防止搅拌过程中面粉向四处飞溅，建议尽量选择尺寸比较大的搅拌盆。

4 硅胶刮刀
替代电动搅拌机搅拌辅料，也在整理搅拌好的面糊时使用。

5 打蛋器
帮助更好地混合材料，尤其在混合粉状材料时比硅胶刮刀或电动搅拌机更加方便，搅拌效果也更佳。

6 细孔糖粉筛网
可防止粉状材料结块，也在打散块状物时使用。

7 巧克力熔化锅
无需热水就可以熔化巧克力，使用非常方便。若不想购置，也可以采用传统的隔水熔化方式。

8 裱花嘴
在按照自己喜欢的样子塑造糖霜时使用。最终挤出来的糖霜形状取决于裱花嘴的型号，本书使用的是惠尔通2D型号（齿形花嘴）。

9 裱花袋
装奶油芝士糖霜材料的袋子，分为布袋和塑料袋两种，一般使用透明的塑料裱花袋可以清楚地看到内容物的颜色等。本书主要使用12英寸和14英寸两款。

10 电子秤

曲奇烘焙的核心在于准确无误的称量，因此一定要准备一个电子秤。

11 电动搅拌机

可以在短时间内轻松便利又均匀地搅拌大量材料。可以选择不同的转速，使用时保持向同一个方向旋转。

12 蛋糕模具

用来固定蛋糕形状，最常用的为圆形模具，型号越大直径越大。本书使用的是一号（直径约15厘米）模具。

13 汤锅

在制作柠檬凝乳时需要浅底汤锅。汤锅也适合在制作果酱或糖浆时使用。

14 烘焙喷火器

可在所需的位置进行加热，使用非常方便。本书中在烤棉花糖时或者焦化奶泡上的砂糖时使用。

15 量杯

在准确计量液体材料时使用。根据用途选择适合的尺寸即可。本书中主要使用康宁牌（Pyrex）量杯。

16 刀

用于切巧克力、坚果等较硬的材料。

17 切丝器

用于均匀地切开固体的芝士。

18 叉子

主要用于在曲奇表面勾勒纹理，建议使用长齿叉。

19 冰格模具

可用于冷冻作为馅料使用的果酱等，需要时随时取用。推荐使用硅胶冰格模具。

基本材料

了解一下曲奇面团中使用的最基本的材料。

1 面粉

作用是给曲奇塑型并维持曲奇形状。本书使用的面粉均为中筋粉。

2 黄油

决定曲奇的风味和口感。本书使用的黄油均为无盐黄油，需用盐调味。若使用含盐黄油可省去加盐调味步骤。

3 小苏打

作为膨松剂使面团发酵膨胀，增强曲奇边缘的清脆口感。务必要准确计量其使用量，使用前先用筛网打散结块，需注意的是，放入面粉后一定要搅拌均匀。

4 砂糖

根据需要主要使用黑砂糖、黄砂糖、白砂糖三种。

5 盐

在选用无盐黄油时作为调味料使用。本书主要使用的是细盐。

6 鸡蛋

起到维持曲奇形状的作用。应尽可能选用新鲜的鸡蛋。

7 欧薄荷精

能给面团增添薄荷香，是高浓缩精华液。市面上有很多品牌的欧薄荷精，本书选用的是尼尔森梅西（Nielsen Massey）品牌，属于价格比较高的一款，但是其香味清爽又纯正。

8 香草精

以其香浓的香草豆香气和口感增添面团的风味。用错了会给人留下过于刻意的印象，因此我喜欢用尼尔森梅西（Nielsen Massey）这个品牌的香草精，它具有无与伦比的纯正口感和香味。

辅料

曲奇味道的一分之差取决于辅料。

虽说选择是自由的，但是推荐产品也是有理由的哦。

1 巧克力

可根据情况选用牛奶巧克力、黑巧克力、白巧克力等多种巧克力。所选用的巧克力种类直接左右曲奇最后的味道。为了呈现高级的风味，店铺里一直坚持使用比利时的嘉丽宝（Gallebaut）和法国的法芙娜（VALRHONA）的巧克力。

2 可可粉

决定曲奇的颜色和味道的重要辅料。推荐使用浓厚纯正的法国的法芙娜（VALRHONA）产品。若使用别的品牌，请一定要购买无糖可可粉，而不是泡在牛奶里喝的加糖可可粉。

3 奶酪

可选用马苏里拉奶酪、切达奶酪、帕尔玛奶酪等多种奶酪。切达奶酪和帕尔玛奶酪建议使用块状的，以体验其特别的风味。

4 蔓越莓干

为曲奇增添咀嚼的趣味和清爽的口感，与坚果类辅料搭配使用味道会更好，用葡萄干代替也是不错的选择。

5 花生酱

推荐使用四季宝（SKIPPY）的颗粒花生酱，若不喜欢花生颗粒的感觉，可以选用柔滑系列。

6 冻干草莓碎

可以在网上购买，是提升曲奇颜值的一等功臣。

7 曲奇、薄脆饼干类

选择曲奇做曲奇的辅料！是不是觉得很妙！只需要稍微做一下思路的转变就可以让曲奇更加有魅力。可以自由选择市面上销售的各式各样的曲奇和薄脆饼干。

我的曲奇为什么会这样

汇总一些曲奇制作过程中常见的问题。

Q1　烤出来的曲奇太薄
解决方法一：面糊的保存

搅拌好的面糊在冰箱里冷藏或冷冻保存4小时以上，使面糊得到充分降温及具备一定的硬度之后再进行烘烤。面糊过于稀软则会容易变形，烘焙过程中会过度摊开从而导致成品太薄。

解决方法二：预热烤箱及提高烘焙温度

请确认是否在烤箱得到充分预热的情况下放进面糊。即使这样烤出来的曲奇还是很薄，那么请调高温度，温度过低也会导致面团延展过度。

解决方法三：减少小苏打的使用量

搅拌面糊时试着减少小苏打的使用量，因为小苏打作为膨松剂，具有让面糊膨胀及向外扩展的特性。

Q2　曲奇的形状不规则
解决方法一：烘焙前做好塑形

放进烤箱前将面糊揉成规则的圆形。

解决方法二：烘焙过程中取出面糊对其塑形

若烘焙时间为8分钟，则在4～5分钟时取出面糊使用刮刀或勺子对柔软的曲奇边缘进行塑形，使面糊保持圆润的形状，塑形的时间不能太长，请在1～2分钟内做完，趁曲奇冷却硬化前尽快放回烤箱继续烘焙。

Q3　曲奇的口感不滋润
解决方法一：缩短烘焙时间

稍微缩短烘焙时间。曲奇的滋润度取决于烘焙时间，不管什么样的面糊，烘焙时间过长都会变得干燥或硬化。

解决方法二：控制好搅拌时间，不要过长

在油糖搅拌里加入面粉后搅拌时间不要过长。

加入面粉后一定要使用硅胶刮刀进行搅拌，禁止使用电动搅拌机。

面粉的搅拌时间过长或强度过大会产生面筋，使烤出来的曲奇口感发涩且干燥。

Q4 曲奇不熟或烤焦

解决方法一：调整烤箱的温度

表层略微烤焦，但内部未熟则需稍微调低烤箱的温度。若表层与内部都没有烤熟，则需略微调高烤箱的温度。

解决方法二：调整烘焙时间

若表层与内部都没有烤熟，请略微调高烤箱温度或延长烘焙时间。

解决方法三：预热烤箱

待烤箱得到充分的预热后，在烤箱处于高温状态时放进曲奇面糊。

Q5 面糊搅拌不均匀

解决方法一：软化黄油

将黄油切成2厘米×2厘米的方块，放入微波炉加热30秒到2分钟，使其呈松软的固体状。但是要切记不能加热至呈透明液体状，否则会导致曲奇的口感油腻。

解决方法二：搅拌时间

放入面粉前的每个步骤都要充分搅拌后再放入下一种材料。若在黄油和砂糖未得到充分的搅拌时放入鸡蛋，搅拌时会更吃力。将所有的材料一口气放进同一个容器同时搅拌，虽然也可以达到充分搅拌的状态，但是所需的搅拌时间也会相应地延长，因此并不推荐此种搅拌方式。

第一部分
美式经典曲奇

凡是尝过我家曲奇的客人都会异口同声地说："CRE8的曲奇果然与众不同！"

面糊是决定曲奇味道的核心，在这里向大家揭晓那些面糊的秘密。

我没有系统学习过制作曲奇，只是不厌其烦地按照网上推荐的方法一一试做，用最笨的方法去探索一款真正可口的曲奇，因此被我搞砸，再被扔掉的面糊不计其数。但功夫不负有心人！在尝试过500多种配方后，我终于研制出一个令人满意的最佳组合。那就是以厚墩墩的可爱外形和水润细腻的香甜口感让人无法自拔的"碎块曲奇"。

曲奇的魅力，始于亲手制作面糊后放进烤箱的那一瞬间。在纽约，曲奇被当作家常点心经常出现在餐桌上，当我看到纽约人在自家厨房中搅拌面糊时舞动的臂膀，就切切实实地感受到了这一点，而他们热衷的正是那种口感筋道、方便制作的美式曲奇。

按照本书介绍的方法制作好面糊，再点缀上一些辅料，各式各样的曲奇就此诞生。但是说到仅靠一种面糊就能制作出堪称完美的曲奇，那肯定非美式经典曲奇莫属了。

亲切的叮嘱

每一种烤箱的性能都有所不同，因此应根据具体情况需要调整温度和时间：如果8~10分钟还不熟，就需要调高一点温度；如果7分钟时曲奇表面就已经出现烤煳的迹象，则需要调低一些温度。烤到曲奇边缘变成褐色、口感水润筋道，是最佳的状态；如果口感干涩，可以试着稍微缩短烘焙时间。

ER

COOKIES &

PPLE &

CREAM

CINNAMON

Classic Chocolata Chip

BEST

经典巧克力块曲奇

我精选出从纽约时报到超级博主都极力推荐并深受美国名人喜爱的500余种曲奇，再一一制作并试吃，终于开发出一款既可以满足东方人的味蕾又具代表性的曲奇。它既能完整地保留住巧克力在舌尖余味悠长的如焦糖般丝滑的口感，又能恰到好处地在味觉上演绎出与其他辅料间的平衡感。这就是CRE8的招牌——经典巧克力块曲奇。

烘焙时间	烘焙温度	数量
8分钟	180℃	24个

原 料 表

油糖原料	面粉原料	辅料
无盐黄油 225克	中筋粉 310克	牛奶巧克力 130克
黑砂糖 150克	小苏打 4克	黑巧克力 130克
白砂糖 150克	盐 2克	
鸡蛋 2个		
香草精 5克		

准备工作

- 将无盐黄油放入微波炉加热1~2分钟或常温静置4小时以上使其变松软。
- 将牛奶巧克力和黑巧克力切成大于1厘米×1厘米的方块。

制 作 步 骤

1　将无盐黄油放入搅拌盆中，用电动搅拌机搅拌1分钟左右使其充分乳化。

2　加入黑砂糖、白砂糖以中速搅拌2分钟左右至其与乳化的黄油完全融合，搅拌过程中使用刮刀将粘在搅拌盆壁上的面糊刮下，确保所有的原料搅拌均匀且没有结块。

3　加入鸡蛋、香草精以中速搅拌2分钟左右至完全融合，完成第一道工序——油糖搅拌。

4　将中筋粉、小苏打、盐放入另外一个搅拌盆中，用打蛋器搅拌均匀，使用细孔糖粉筛网打散结块的面粉。完成第二道工序——面粉搅拌。

5　在步骤3的油糖搅拌中分3次倒入步骤4的面粉搅拌，用刮刀搅拌均匀。

　　小贴士：搅拌时间过长会导致曲奇的口感干涩，因此要掌握好搅拌时间，搅拌到看不见干粉即可。

6　搅拌至看不见干粉时放入事前切好的牛奶巧克力和黑巧克力搅拌均匀。

7　搅拌好的面糊用保鲜膜裹好，放入冰箱冷藏30分钟以上再取出。将面糊等分成每份50克的小面团，捏成扁圆状。在铺好奶油包装纸的烤盘上以5厘米的间隔摆放。

　　小贴士："Z"字形摆法可以避免烘烤过程中面团因膨胀发生粘连。此外，大小不同的面糊在烤箱中受热不均，会导致曲奇有生有熟，所以一定要等分成同样大小哦。

8　放进预热至180℃的烤箱里烤8分钟左右，烤到曲奇边缘呈轻微的褐色即可。

此款经典曲奇搭配任何一种辅料都毫无压力。请随心加上自己喜欢的辅料享受这份惊喜吧！做好的面糊不需要当天全部烤完，可分成50克每份冷冻保存，等到想吃的时候再拿出来烤就可以啦。但是再懒也要在一个月内吃完哦。如果直接烘焙冷冻面糊，需要考虑到解冻的时间，可将烘焙时间延长2分钟左右，或提前一天放到冷藏室自然解冻至松软状态后正常烘焙。

Double Chocolata 双巧曲奇

强烈推荐想要体验整个口腔被浓浓巧克力填满的幸福感的朋友
们试试这款曲奇。添加在面糊里的可可粉增添了一份巧克力固
有的浓香，但其本身是没有甜度的。若想要更加香甜的口感，
调整辅料中巧克力的含量即可。

烘焙时间	烘焙温度	数量
8分钟	180℃	24个

原 料 表

油糖原料	面粉原料	辅料
无盐黄油 225克	中筋粉 300克	牛奶巧克力 130克
黑砂糖 150克	可可粉 25克	黑巧克力 130克
白砂糖 150克	小苏打 4克	
鸡蛋 2个	盐 2克	

准备工作

• 将无盐黄油放入微波炉加热1~2分钟或常温静置4小时以上使其变松软。
• 将牛奶巧克力和黑巧克力切成大于1厘米×1厘米的方块。

制 作 步 骤

1　将无盐黄油放入搅拌盆中，用电动搅拌机搅拌1分钟左右使其充分乳化。

2　加入黑砂糖、白砂糖以中速搅拌2分钟左右至其与无盐黄油完全融合，搅拌过程中使用刮刀将粘在搅拌盆壁上的面糊刮下，确保所有的原料搅拌均匀且没有结块。

3　加入鸡蛋以中速搅拌2分钟左右至完全融合，完成第一道工序——油糖搅拌。

4　将中筋粉、可可粉、小苏打、盐放入另外一只搅拌盆中，用打蛋器搅拌均匀。使用细孔糖粉筛网打散结块的面粉。至此完成第二道工序——面粉搅拌。

5　在步骤3的油糖搅拌中分3次倒入步骤4的面粉搅拌，用刮刀搅拌均匀。

小贴士：搅拌时间过长会导致曲奇的口感干涩，因此要掌握好搅拌时间，搅拌到看不见干粉即可。

6　搅拌至看不见干粉时放入事前切好的牛奶巧克力和黑巧克力继续搅拌均匀。

7　搅拌好的面糊用保鲜膜裹好放入冰箱冷藏30分钟以上再取出。将面糊等分成每份50克的小面团，捏成扁圆状。在铺好奶油包装纸的烤盘上以5厘米的间距摆放。

小贴士：摆成"Z"字形才可避免烘烤过程中面团因膨胀发生粘连。

8　放进预热至180℃的烤箱里烤8分钟左右，烤到曲奇边缘呈轻微的褐色即可。

选用不同品牌的可可粉，曲奇呈现出的颜色和味道也会不同。CRE8曲奇使用的是法国产的法芙娜（VALRHONA）可可粉，具有浓厚的天然可可的味道，但价格偏高。若在家简单制作曲奇的话，推荐好时（HERSHEY'S）可可粉。需要注意的是，一定要选购无糖（Unsweetened）可可粉，而不是常见的巧克力牛奶可可粉。

Peanut Butter

花生酱曲奇

只要是做花生酱曲奇，整条巷子就会被花生酱的香气填满。也正是这种暖心又香甜的香气渐渐成了CRE8吸引顾客的最强秘密武器，让不足8坪（1坪相当于3.3058平方米）的店铺成功地诱惑了路人。

烘焙时间	烘焙温度	数量
8分钟	180℃	24个

原 料 表

油糖原料

无盐黄油 225克
花生酱 250克
黑砂糖 150克
白砂糖 150克
鸡蛋 2个

面粉原料

中筋粉 330克
发酵粉 6克
小苏打 6克
盐 2克

准备工作

• 将无盐黄油放入微波炉加热1~2分钟或常温静置4小时以上，使其变松软。

制作步骤

1 将无盐黄油放入搅拌盆中，用电动搅拌机搅拌1分钟左右，使其充分乳化。

2 加入黑砂糖、白砂糖以中速搅拌2分钟左右至其与无盐黄油完全融合，搅拌过程中使用刮刀将粘在搅拌盆壁上的面糊刮下，确保所有的原料搅拌均匀且没有结块。

3 加入鸡蛋以中速搅拌2分钟左右至搅拌均匀。

4 加入花生酱以中速搅拌2分钟左右至完全融合，完成第一道工序——油糖搅拌。

5 将中筋粉、发酵粉、小苏打、盐放入另外一只搅拌盆中，用打蛋器搅拌均匀，使用细孔糖粉筛网打散结块的面粉。完成第二道工序——面粉搅拌。

6 在步骤4的油糖搅拌中分3次倒入步骤5的面粉搅拌，用刮刀搅拌均匀。
   小贴士：搅拌时间过长会导致曲奇的口感干涩，因此要掌握好搅拌时间，搅拌到看不见干粉即可。

7 搅拌好的面糊用保鲜膜裹好放入冰箱冷藏30分钟以上再取出。将面糊等分成每份50克的小面团，捏成扁圆状。在铺好奶油包装纸的烤盘上以5厘米的间距摆放好，用叉子在面糊表面按压制作出格纹。
   小贴士：使用长齿叉才能让曲奇造型更佳美观。

8 放进预热至180℃的烤箱里烤8分钟左右，烤到曲奇边缘呈轻微褐色即可。

市面上的花生酱品牌也很多，CRE8曲奇使用四季宝（SHIPPY）颗粒花生酱。根据个人口味也可添加香烤蜂蜜花生作为辅料。如果喜欢入口即化的感觉，推荐四季宝柔滑花生酱。这些食材均可在超市轻松购入。相比其他曲奇，花生酱曲奇具有不易变形的特点，因此在烘烤前可根据自己的喜好做好造型，制作出更多富有个性的曲奇。

奥利奥曲奇 Oreo Addiction

我是单纯山丁想吃更大更筋道的奥利奥饼丁才做出这款曲奇，但万万没想到它一经推出便迅速成了高人气产品，畅销到经常断货。这是奥利奥饼干的铁杆粉丝绝不能错过的一款曲奇。

烘焙时间
8分钟

烘焙温度
180℃

数量
24个

原 料 表

油糖原料

无盐黄油 225克
黑砂糖 100克
白砂糖 150克
鸡蛋 2个

面粉原料

中筋粉 300克
小苏打 4克
盐 2克

辅料

奥利奥饼干 27个

准备工作

- 将无盐黄油放入微波炉加热1~2分钟或常温静置4小时以上，使其变松软。
- 放在面糊里的奥利奥饼干需要捣碎至直径为1厘米大小。取15个奥利奥饼干放入塑料袋或保鲜袋里，用杯底按压即可。
- 将剩余的12个奥利奥饼干切成1/4大小。

制 作 步 骤

1 将无盐黄油放入搅拌盆中，用电动搅拌机搅拌1分钟左右，使其充分乳化。

2 加入黑砂糖、白砂糖以中速搅拌2分钟至其与无盐黄油完全融合，搅拌过程中使用刮刀将粘在搅拌盆壁上的面糊刮下，确保所有的原料搅拌均匀且没有结块。

3 加入鸡蛋以中速搅拌4分钟至完全融合，完成第一道工序——油糖搅拌。

4 将中筋粉、小苏打、盐放入另外一只搅拌盆中，用打蛋器搅拌均匀，使用细孔糖粉筛网打散结块的面粉。完成第二道工序——面粉搅拌。

5 在步骤3的油糖搅拌中分3次倒入步骤4的面粉搅拌，用刮刀搅拌均匀。
小贴士：搅拌时间过长会导致曲奇的口感干涩，因此要掌握好搅拌时间，搅拌到看不见干粉即可。

6 搅拌至看不见干粉时放入事前准备好的15个奥利奥饼干的碎块继续搅拌均匀。

7 搅拌好的面糊用保鲜膜裹好放入冰箱冷藏30分钟以上再取出。将面糊等分成每份50克的小面团，捏成扁圆状。在铺好奶油包装纸的烤盘上以5厘米的间距摆放。
小贴士：摆成"Z"字形才可避免烘烤过程中面团因膨胀发生粘连。

8 放进预热至180℃的烤箱里烤8分钟左右，烤到曲奇边缘呈轻微的褐色即可。出炉后趁热将事前切成1/4大小的奥利奥饼干插到曲奇表面，每块曲奇上各插两块奥利奥饼干即可。

CRE8曲奇
笔记

根据放入面糊中的奥利奥饼干的大小，成品奥利奥曲奇的颜色和口感也会不同。若奥利奥饼干捣得太碎，曲奇会变得干燥，而且颜色也会变黑，以拇指指甲大小最为适宜。在刚出炉时趁热进行表层装饰才会有更好的固定效果，曲奇形状也可根据自己的喜好自由创作，请尽情发挥隐藏在内心深处的艺术灵感吧！

草莓曲奇 Strawberry Dream

草莓真的是一个怎么做都好吃的可爱家伙！但是市面上却很难找到一款口感滋润的草莓曲奇。这是因为曲奇只要接触果汁就会马上变得潮乎乎的，因此草莓曲奇也是最难做的一款曲奇。也许是感受到我默默付出的心意，只为这一款而来的客人在日益增加。

烘焙时间
8分钟

烘焙温度
180℃

数量
24个

原 料 表

油糖原料

无盐黄油 225克
白砂糖 280克
鸡蛋 2个
香草精 6克
冻干草莓碎 40克
糖浆 40克
柠檬汁 20克

面粉原料

中筋粉 320克
小苏打 4克
盐 2克

辅料

白巧克力 70~100克
冻干草莓碎 5克

▼ 准备工作

- 将无盐黄油放入微波炉加热1~2分钟或常温静置4小时以上，使其变松软。
- 可用1∶1的比例将白砂糖和水放入锅中煮，直至白砂糖完全溶化制成糖浆。使用市面上售卖的成品糖浆也无妨。
- 用微波炉加热白巧克力1~2分钟，其间每过30秒取出白巧克力并搅拌均匀后放回微波炉中继续加热，直到其呈液体状。
- 将糖浆和柠檬汁倒入同一容器内搅拌均匀。

制作步骤

1　将无盐黄油放入搅拌盆中，用电动搅拌机搅拌1分钟左右使其充分乳化。

2　加入白砂糖、鸡蛋以中速搅拌2分钟左右至其与无盐黄油完全融合，搅拌过程中使用刮刀将粘在搅拌盆壁上的面糊刮下，确保所有的原料搅拌均匀且没有结块。

3　将一部分冻干草莓碎放入另外一只搅拌盆中，少量多次地倒入事前准备好的糖浆和柠檬汁中搅拌均匀。

4　向步骤2的面糊中加入步骤3与糖浆和柠檬汁搅拌好的冻干草莓碎并搅拌均匀。完成第一道工序——油糖搅拌。

5　将中筋粉、小苏打、盐放入另外一个搅拌盆中，用打蛋器搅拌均匀。使用细孔糖粉筛网打散结块的面粉。完成第二道工序——面粉搅拌。

6　向步骤4的油糖搅拌中分3次倒入步骤5的面粉搅拌，并用刮刀搅拌均匀。
　　小贴士：搅拌时间过长会导致曲奇的口感干涩，因此要掌握好搅拌时间，搅拌到看不见干粉即可。

7　搅拌好的面糊用保鲜膜裹好，放在冰箱里冷藏30分钟以上再取出。将面糊等分成每份50克的小面团，捏成扁圆状。在铺好奶油包装纸的烤盘上以5厘米的间距摆放。
　　小贴士：摆成"Z"字形才能避免烘烤过程中面团因膨胀发生粘连。

8　放进预热至180℃的烤箱里烤8分钟左右至曲奇边缘呈轻微的褐色即可。取出烤盘后在常温下冷却。

9　将提前加热好的白巧克力淋在冷却后的曲奇上。

10　在白巧克力凝固前迅速撒上剩余的冻干草莓碎。

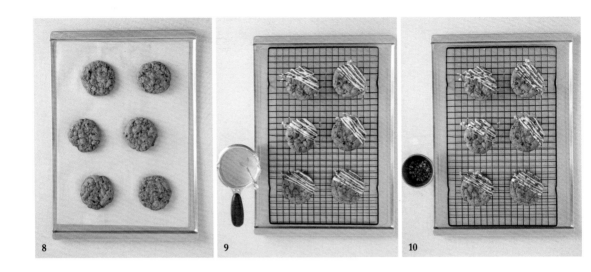

8   9   10

面糊里的果汁是导致做出来的曲奇潮乎乎的主要原因。使用冻干的草莓可最大限度地避免这种潮湿的口感，也是使曲奇保持筋道的关键因素。但是冻干草莓不太容易在超市买到，建议在网上购买。柠檬汁最好使用现挤的，但是鉴于时间不充足并且制作麻烦，使用市面上售卖的成品柠檬汁也无妨。

Granola Breakfast

格兰诺拉燕麦早餐曲奇

每当肉桂的香味飘过鼻尖，我就仿佛置身于秋季的美景中。喜欢扑鼻的香甜味道，却又不想要太甜的口感，或者正在寻找一款清淡、适合当早餐的曲奇的话，请试试这款曲奇。健康又香喷喷谷物总是让人不由自主地沉浸其中，回味无穷。

烘焙时间	烘焙温度	数量
8分钟	180℃	24个

原 料 表

油糖原料	面粉原料	辅料
无盐黄油 225克	中筋粉 300克	格兰诺拉燕麦片
黑砂糖 150克	肉桂粉 3克	300~350克
白砂糖 100克	小苏打 4克	
鸡蛋 2个	盐 2克	

准备工作

• 将无盐黄油放入微波炉加热1~2分钟或常温静置4小时以上，使其变松软。

制 作 步 骤

1　将无盐黄油放入搅拌盆中，用电动搅拌机搅拌1分钟左右，使其充分乳化。

2　加入黑砂糖、白砂糖以中速搅拌2分钟左右至其与无盐黄油完全融合，搅拌过程中使用刮刀将粘在搅拌盆壁上的面糊刮下，保证所有的原料搅拌均匀且没有结块。

3　加入鸡蛋以中速搅拌2分钟至完全融合。完成第一道工序——油糖搅拌。

4　将中筋粉、肉桂粉、小苏打、盐放入另外一个搅拌盆中，用打蛋器搅拌均匀，使用细孔糖粉筛网打散结块的面粉。完成第二道工序——面粉搅拌。

5　向步骤3的油糖搅拌中分3次倒入步骤4的面粉搅拌，用刮刀搅拌均匀。
　　小贴士：搅拌时间过长会导致曲奇的口感干涩，因此要掌握好搅拌时间，搅拌到看不见干粉即可。

6　搅拌到看不见干粉时放入250～300克格兰诺拉燕麦片，用刮刀搅拌均匀。

7　将搅拌好的面糊用保鲜膜裹好，放进冰箱冷藏30分钟以上再取出。将面糊等分成每份50克的小面团，捏成扁圆状。在铺好奶油包装纸的烤盘上以5厘米的间距摆放，再把剩余的格兰诺拉燕麦片放到面团的表面。
　　小贴士：摆成"Z"字形才能避免烘烤过程中面团因膨胀发生粘连。

8　放进预热至180℃的烤箱里烤8分钟左右，烤到曲奇边缘呈轻微的褐色即可。

格兰诺拉燕麦片用的是柯克兰（KIRKLAND）的"古式谷物系列"，可在大型超市或网上购入。也不必拘泥于品牌，选择自己最喜欢或经常吃的格兰诺拉燕麦片就好，所有的辅料都是如此。
记住！所有的辅料一定要选择自己最爱吃的！

Whole Wheat Pecan

全麦碧根果曲奇

我偶尔会有特别想吃甜食，但又不喜欢太甜的时候，所以向大家介绍一款能够满足这种美妙又挑剔的食欲的曲奇—— 着重突出全麦特有的香气和碧根果清脆口感的全麦碧根果曲奇。

烘焙时间	烘焙温度	数量
8分钟	180℃	24个

原料表

油糖原料	面粉原料	辅料
无盐黄油 225克	全麦粉 250克	碧根果 120克
黑砂糖 25克	小苏打 4克	牛奶巧克力 60克
黄砂糖 85克	盐 2克	黑巧克力 60克
白砂糖 60克		
鸡蛋 2个		

准备工作

• 将无盐黄油放入微波炉加热1~2分钟或常温静置4小时以上，使其变得松软。

• 将碧根果、牛奶巧克力和黑巧克力切成大于1厘米×1厘米的方块。

制作步骤

1 将无盐黄油放入搅拌盆中，用电动搅拌机搅拌1分钟左右，使其充分乳化。

2 加入黑砂糖、黄砂糖、白砂糖以中速搅拌2分钟左右至其与无盐黄油完全融合，搅拌过程中使用刮刀将粘在搅拌盆壁上的面糊刮下，保证所有的原料搅拌均匀且没有结块。

3 加入鸡蛋以中速搅拌2分钟左右至完全融合，完成第一道工序——油糖搅拌。

4 将全麦粉、小苏打、盐放入另外一只搅拌盆中，用打蛋器搅拌均匀，使用细孔糖粉筛网打散结块的面粉。完成第二道工序——面粉搅拌。

5 向步骤3的油糖搅拌中分3次倒入步骤4的面粉搅拌，用刮刀搅拌均匀。
   小贴士：搅拌时间过长会导致曲奇的口感干涩，因此要掌握好搅拌时间，搅拌到看不见干粉即可。

6 搅拌到看不见干粉时放入事前切好的碧根果、牛奶巧克力和黑巧克力，使用刮刀搅拌均匀。

7 搅拌好的面糊用保鲜膜裹好，放进冰箱冷藏30分钟以上再取出。将面糊等分成每份50克的小面团，捏成扁圆状。在铺好奶油包装纸的烤盘上以5厘米的间距摆放。
   小贴士：摆成"Z"字形才能避免烘烤过程中面团因膨胀发生粘连。

8 放进预热至180℃的烤箱里烤8分钟，烤到曲奇边缘呈轻微的褐色即可。

在超市售卖的全麦面粉的口感与普通的面粉相差不大，因此CRE8曲奇使用的是美国产鲍勃红磨坊（BOB'S RED MILL）的有机全麦粉，味道比韩国的全麦粉更浓更香，在网上很容易买到，如果想体验全麦原汁原味的口感请一定要试试。

Better than 'Thin Mints'

薄荷巧克力块曲奇

这是一款专为喜欢清爽口感的薄荷爱好者而开发的曲奇，吃一口便会联想到被称为美国国民曲奇的女童子军饼干，尤其是最出名的那款"薄荷巧克力饼干"的味道。通过松软又柔和的口感加上嵌在表面的薄荷色巧克力的清新外表，从多维度体验薄荷巧克力块曲奇的精髓。很多客人刚开始只是单纯被其清新悦目的外形所吸引而选购的。但只要尝过便知，它的美味可以让人在睡梦中被馋醒。

烘焙时间	烘焙温度	数量
8分钟	180℃	24个

原 料 表

油糖原料	面粉原料	辅料
无盐黄油 225克	中筋粉 300克	薄荷巧克力 264克
黑砂糖 150克	可可粉 20克	
白砂糖 150克	小苏打 4克	
鸡蛋 2个	盐 2克	
欧薄荷精 5克		

准备工作

- 将无盐黄油放入微波炉加热1～2分钟或常温静置4小时以上，使其变得松软。
- 将薄荷巧克力全部切成1厘米×1厘米的方块。

制 作 步 骤

1　将无盐黄油放入搅拌盆中，用电动搅拌机搅拌1分钟左右，使其充分乳化。

2　加入黑砂糖、白砂糖以中速搅拌2分钟左右至其与无盐黄油完全融合，搅拌过程中
使用刮刀将粘在搅拌盆壁上的面糊刮下，确保所有的原料搅拌均匀且没有结块。

3　加入鸡蛋、欧薄荷精以中速搅拌2分钟左右至完全融合，完成第一道工序——油糖
搅拌。

4　将中筋粉、可可粉、小苏打、盐放入另外一只搅拌盆中，用打蛋器搅拌均匀，使用
细孔糖粉筛网打散结块的面粉。完成第二道工序——面粉搅拌。

5　向步骤3的油糖搅拌中分3次倒入步骤4的面粉搅拌，用刮刀搅拌均匀。
小贴士：搅拌时间过长会导致曲奇的口感干涩，因此要掌握好搅拌时间，搅拌到看
不见干粉即可。

6　搅拌到看不见干粉时放入事前切好的薄荷巧克力块，使用刮刀继续搅拌均匀。

7　搅拌好的面糊用保鲜膜裹好，放进冰箱冷藏30分钟以上再取出。将面糊等分成每
份50克的小面团，捏成扁圆状。在铺好奶油包装纸的烤盘上以5厘米的间距摆放好
后，将提前切好的薄荷巧克力块嵌在面团上。
小贴士：摆成"Z"字形才能避免烘烤过程中面团因膨胀发生粘连。

8　放进预热至180℃的烤箱里烤8分钟，烤到曲奇边缘呈轻微的褐色即可。

在美国最有名的薄荷巧克力是包装纸上画有阿尔卑斯山脉的安第斯薄荷巧克力（Andes CRÈME DE
MENTHE THINS）。浅薄荷色包装的安第斯双层薄荷夹心巧克力（Andes MINT PARFAIT THINS）具有
更浓的薄荷味。CRE8曲奇主要使用的也是这款巧克力，其香浓的薄荷味以及漂亮的颜色用来做曲奇是再适
合不过的了。

Triple Cheese

三重奶酪曲奇

正如它的名字——三重奶酪曲奇，奶酪拉丝的样子总是让人垂涎欲滴，其可咸可甜的风味更是让人欲罢不能。这种曲奇通常是通过奶酪粉突出奶酪的味道，但是在CRE8曲奇，我们勇敢地将奶酪粉去掉，通过足量使用三种纯正的奶酪演绎其特有的风味。在寒冷的冬天，吃着热热的三重奶酪曲奇是一件多么幸福的事情啊！——此时此刻，任何语言都是多余的。

烘焙时间	烘焙温度	数量
8分钟	180℃	24个

原 料 表

油糖原料	面粉原料	辅料
无盐黄油 225克	中筋粉 240克	马苏里拉奶酪 100~200克
切达奶酪 250克	蒜粉 4克	切达奶酪 50~100克
黄砂糖 100克	小苏打 6克	帕玛森奶酪 50~100克
鸡蛋 2个	盐 4克	香芹粉 少许

准备工作

- 将无盐黄油放入微波炉加热1~2分钟或常温静置4小时以上，使其变得松软。
- 用切丝器或切菜器将切达奶酪和帕玛森奶酪切细。

制 作 步 骤

1　将无盐黄油放入搅拌盆中，用电动搅拌机搅拌1分钟左右，使其充分乳化。

2　加入黄砂糖以中速搅拌2分钟左右至其与无盐黄油完全融合。搅拌过程中使用刮刀将粘在搅拌盆壁上的面糊刮下，确保所有的原料搅拌均匀且没有结块。

3　加入鸡蛋以中速搅拌2分钟左右至完全融合。

4　加入事前磨好的切达奶酪，用刮刀搅拌均匀。完成第一道工序——油糖搅拌。

5　将中筋粉、蒜粉、小苏打、盐放入另外一只搅拌盆中，用打蛋器搅拌均匀。使用细孔糖粉筛网打散结块的面粉。完成第二道工序——面粉搅拌。

6　向步骤4的油糖搅拌中分3次倒入步骤5的面粉搅拌，用刮刀搅拌均匀。
　　小贴士：搅拌时间过长会导致曲奇的口感干涩，因此要掌握好搅拌时间，搅拌到看不见干粉即可。

7　搅拌好的面糊用保鲜膜裹好，放进冰箱冷藏30分钟以上再取出。将面糊等分成每份50克的小面团，捏成扁圆状。在铺好奶油包装纸的烤盘上以5厘米的间距摆放。
　　小贴士：摆成"Z"字形才可避免烘烤过程中面团因膨胀发生粘连。

8　将每个小面团等分成两块，一块放上足量的马苏里拉奶酪。

9　用另一块面团盖住马苏里拉奶酪防止其从侧面露出。盖好后在表面撒上帕玛森奶酪。

10　在面团最上方再放一些切达奶酪，用手掌轻轻按压使其固定。

11　放进预热至180℃的烤箱里烤8分钟，烤到曲奇边缘呈轻微的褐色即可。取出后撒上香芹粉。

9　　　　　　　　　　10　　　　　　　　　　11

CRE8曲奇
笔记

三重奶酪曲奇的味道取决于所使用的奶酪，只有使用的奶酪好吃才能保证做出来的曲奇也美味。帕玛森奶酪呈块状使用才能享受到其独有的风味，可在大型超市或网上购买。建议在当天吃完添加马苏里拉奶酪的曲奇，若想长期保存请在制作时去掉馅料——马苏里拉奶酪——就可以常温保存2～3天了。

Macadamia Cranberry

夏威夷果蔓越莓曲奇

夏威夷果蔓越莓曲奇是在美国长期畅销的一款经典曲奇。清脆的坚果之王——夏威夷果和清爽的蔓越莓的组合演绎出完美的口感，怎么吃都吃不腻。除夏威夷果和蔓越莓之外还可以用其他辅料代替或组合做出无穷无尽的美味也是这款曲奇独有的魅力，想吃好吃的东西时就吃它，那滋味无与伦比。

烘焙时间
8分钟

烘焙温度
180℃

数量
24个

原 料 表

油糖原料

无盐黄油 225克
黑砂糖 150克
白砂糖 150克
鸡蛋 2个
香草精 5克

面粉原料

中筋粉 310克
小苏打 小克
盐 2克

辅料

白巧克力 150克
夏威夷果 125克
蔓越莓干 130克

准备工作

- 将无盐黄油放入微波炉加热1~2分钟或常温静置4小时以上，使其变得松软。
- 用刀将夏威夷果切成两半。
- 将白巧克力切成比夏威夷果稍微大一点的方块。

制 作 步 骤

1　将无盐黄油放入搅拌盆中，用电动搅拌机搅拌1分钟左右，使其充分乳化。

2　加入黑砂糖、白砂糖以中速搅拌2分钟左右至其与无盐黄油完全融合。搅拌过程中使用刮刀将粘在搅拌盆壁上的面糊刮下，确保所有的原料搅拌均匀且没有结块。

3　加入鸡蛋、香草精以中速搅拌2分钟左右至完全融合，完成第一道工序——油糖搅拌。

4　在步骤3的油糖搅拌里放入事前切好的蔓越莓干和白巧克力，用刮刀搅拌均匀。

5　将中筋粉、小苏打、盐放入另外一只搅拌盆中，用打蛋器搅拌均匀。使用细孔糖粉筛网打散结块的面粉。完成第二道工序——面粉搅拌。

6　向步骤3的油糖搅拌中分3次倒入步骤5的面粉搅拌，用刮刀搅拌均匀。
　　小贴士：搅拌时间过长会导致曲奇的口感干涩，因此要掌握好搅拌时间，搅拌到看不见干粉即可。

7　将搅拌好的面糊用保鲜膜裹好，放进冰箱冷藏30分钟以上再取出。将面糊等分成每份50克的小面团，捏成扁圆状。在铺好奶油包装纸的烤盘上以5厘米的间距摆放好，在面团表面插上4～6个切成一半的夏威夷果。
　　小贴士：摆成"Z"字形才可避免烘烤过程中面团因膨胀发生粘连。

8　放进预热至180℃的烤箱里烤8分钟，烤到曲奇边缘呈轻微的褐色即可。

这款曲奇的最大的优点是可以随意更换辅料，可以去掉蔓越莓干，只使用白巧克力；也可以用杏仁、核桃等坚果来代替夏威夷果，还可以尝试做出更多新口味。其实如何制作曲奇这个问题是没有标准答案的，想怎么做就怎么做才是制作曲奇的幸福。

Be

Creative!

第二部分

CRE8创意曲奇

直到现在，我妈妈的橱柜中依然有一角放着琳琅满目的小物件，如没拆封的全新口红、护手霜、首饰等，在另一角则放着厚厚一沓五颜六色的礼品包装纸——妈妈非常喜欢给身边的人送小礼物。也正是托妈妈的福，从小时候开始包装礼品对我来说就是一个非常有趣的游戏。

转眼之间我已长大成人，送别人礼物也成了我最喜欢做的事情之一，像妈妈一样，就算不是特殊的日子我也会送别人小礼物。但是我会以我自己的方式送出那些小礼物——将自己亲手制作的曲奇送给身边的人。

每次搅拌好面糊后我会就地取材选择辅料，所以每次都会做出不同外观和味道的曲奇。在美国留学时期，我只要口袋里有20美元就可以向身边很多人送去满满的、世界上独一无二的甜美味道。

在一种面糊上添加各种各样的辅料之后，就能制作出100种不同的曲奇。

我开始做曲奇的原因，就是这么简单：用一种曲奇送出100种幸福的样子。

亲切的叮嘱

在这里同大家介绍如何在基础曲奇面糊上添加各式各样的辅料，以简单又轻松地制作出更加丰富的曲奇。面糊可以一次性做好后冷冻保存一个月，在需要的时候随时拿出来点缀上不同的辅料烘焙即可。

Party Time

派对时光曲奇

派对时光曲奇以它丰富的辅料呈现出夺人眼球的外形，为食客们带来一场视觉享受，而且其制作过程本身就是有趣、快乐的"派对"。提前搅拌好面糊后等分成小面团，再把各种各样的辅料整整齐齐地分装在小容器里，与朋友、孩子一起热热闹闹地做一次派对时光曲奇吧！

烘焙时间	烘焙温度	数量
8分钟	180℃	30个

辅 料 表

面糊

经典巧克力块曲奇面糊
（详见第52页）500克
双巧曲奇面糊（详见第
56页）500克
奥利奥曲奇面糊（详见
第64页）500克

辅料

mm巧克力豆 40克
瓜子仁巧克力 30克
士力架巧克力棒 50克
特趣（Twix）巧克力棒 50克
坚果（核桃、碧根果等）50克
奥利奥饼干 50克

准备工作

• 所有辅料均切成1厘米×1厘米以上的小方块或自己想要的大小。
• 将面糊等分成每份50克的小面团，捏成扁圆状。

制作步骤

1　将辅料按照种类分装在小容器里，便于拿取。

2　在铺好奶油包装纸的烤盘上以5厘米的间距摆好小面团。
　　小贴士：每次摆4~6个为佳，以便于快速进行辅料装饰。

3　放进预热至180℃的烤箱里烤8分钟，烤到曲奇边缘呈轻微的褐色即可。

4　取出烤好的曲奇，趁热将提前准备好的辅料用力按插在曲奇表面。
　　小贴士：曲奇表面在出炉1~2分钟后便会凝固，因此一定要快速进行辅料装饰的
　　步骤。

CRE8曲奇
笔记

这款曲奇非常适合在邀请朋友来家里做客或者和孩子们一起享受亲子时光时制作。只添加巧克力的面糊与任
何一款辅料都很搭配，而且辅料的颜色越丰富，做出来的曲奇越美观。就算只参与到辅料装饰的环节也会给
人　种自己亲手制作的感觉，就像它的名字一样，制作它的过程就像参加派对一样让人兴高采烈。

Sunny's Bacon Peanut Butter 培根花生酱曲奇

在某一个太阳缓缓西垂的傍晚，我的朋友Sunny一边破门而入一边大声喊："培根花生酱汉堡！"就在那一天得益于朋友的突发奇想，这款曲奇应运而生。她说自己在曾经生活过的加拿大最喜欢吃的汉堡就是"培根花生酱汉堡"，用熊熊燃烧的眼神盯着我，让我一定要做成曲奇的那个场景到现在还记忆犹新。这是一款今天吃了，明天还想吃的魔法曲奇。

烘焙时间	烘焙温度	数量
8分钟	180℃	10个

原 料 表

面糊

花生酱曲奇面糊（详见第80页）500克

辅料

培根 200~300克

准备工作

- 将培根切成1厘米×1厘米的四边形。
- 将花生酱曲奇面糊等分成每份50克的小面团，捏成扁圆状。

制 作 步 骤

1 将提前切好的培根放入平底锅小火煎熟，煎到表面没有烧焦即可。出锅后晾一会儿。

2 在铺好奶油包装纸的烤盘上以5厘米的间距摆好小面团，再把培根块用力按压到面团上。

小贴士：摆成"Z"字形才可避免烘烤过程中面团因膨胀发生粘连。

3 放进预热至180℃的烤箱里烤8分钟左右，烤到曲奇边缘呈轻微的褐色即可。

使用厚实的、咀嚼时能够感到肉汁爆出的培根是制作这款曲奇的关键。曲奇和培根的搭配虽然比较奇特，但是因为都是熟悉的味道，所以更加让人眼前一亮。柔嫩又咸丝丝的培根，总是让人忍不住想喝一口凉爽的啤酒！现在开始也不迟，赶紧动手制作今晚的夜宵吧！

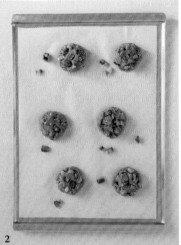

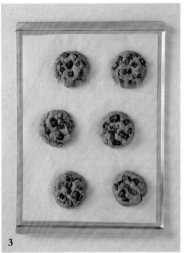

1

2

3

Chuck's Spicy Potato Chip

辣味薯片曲奇

这是每周四都会光顾CRE8采购办公室零食的啤酒狂美国大叔积极参与开发的"美国军队中超级热门"的配方。自从这位大叔回美国后我已经很久没见到他，但是每当制作散发着香喷喷的卡琼调味料香气的这款曲奇时，总感觉双手拎着满满两大袋啤酒的美国大叔马上就会推门而入。

烘焙时间	烘焙温度	数量
8分钟	180℃	10个

原 料 表

面糊

经典巧克力块面糊
（详见第52页）500克

辅料

薯片 130~150克
卡琼调味料 2~6克
香芹粉 少许

准备工作

- 将薯片捣碎成小块。
- 将经典巧克力块面糊等分成每份50克的小面团，捏成扁圆状。

  小贴士：每50克小面团上放2~3个巧克力块，巧克力含量太多会掩盖住薯片的味道。

制 作 步 骤

1 将事先捣碎的薯片放进碗里。

小贴士：薯片要捣得足够碎才不会戳到上膛。

2 放入卡琼调味料后搅拌均匀。

3 将分好的小面团放进步骤2的碗里一边翻滚一边用力按压，使面团表面均匀沾上薯片碎。

4 在铺好奶油包装纸的烤盘上以5厘米的间距摆放好沾满薯片碎的面团。放进预热至180℃的烤箱里烤8分钟左右，烤到曲奇边缘呈轻微的褐色即可。

小贴士：摆成"Z"字形才可避免烘烤过程中面团因膨胀发生粘连。

5 取出烤好的曲奇，趁热将提前准备好的薯片块撒在曲奇表面，再取一片比较大的薯片用力插在曲奇上。

小贴士：曲奇表面在出炉1～2分钟后便会凝固，因此一定要快速进行辅料装饰的步骤。

6 撒上香芹粉。

辣味薯片曲奇就像它的名字一样，选择的薯片非常重要，比起太薄的薯片，建议选择又厚又脆的薯片。如果家里没有卡琼调味料，也可以用烧烤味薯片加上少许盐来代替，但是建议尽量使用卡琼调味料。这款曲奇极其适合当作啤酒或红酒的下酒菜。

Cereal Addiction

谷物麦片曲奇

由于离我家最近的超市也要开车20分钟才能到，因此谷物麦片是家里的常备应急食物。记得我高中时期总是感觉特别的饿，因为睡懒觉而起晚的早上也一定会抓上一把谷物麦片再飞奔出门。凭借这些回忆我开发出了这款谷物麦片曲奇，它专注于完美呈现表面酥脆、内里滋润的口感。

烘焙时间
8分钟

烘焙温度
180℃

数量
10个

原 料 表

面糊

经典巧克力块曲奇面糊
（详见第52页）500克

辅料

谷物麦片 80～150克
水果圈 80～150克
（以格格脆Chex麦片、奥利奥麦圈、
□□□米等代替化可以）

准备工作

- 将谷物麦片轻轻捣碎，避免捣得太小。
- 将经典巧克力块曲奇面糊等分成每份50克的小面团，捏成扁圆状。

  小贴士：在每个50克小面团上放2～3个巧克力块，巧克力含量太多会掩盖住的麦片的味道。

制 作 步 骤

1   将事先捣碎至一定大小的谷物麦片和水果圈装进碗里。

2   将分好的小面团放进碗里一边翻滚一边用力按压，使面团表面均匀沾上谷物麦片和水果圈。

3   在铺好奶油包装纸的烤盘上以5厘米的间距摆放好沾满谷物麦片和水果圈的面团。放进预热至180℃的烤箱里烤8分钟左右，烤到边缘呈轻微的褐色即可。
    小贴士：摆成"Z"字形才可避免烘烤过程中面团因膨胀发生粘连。

4   取出烤好的曲奇，趁热在曲奇表面放上谷物麦片和水果圈并轻轻按压使其固定。
    小贴士：曲奇表面在出炉1～2分钟后便会凝固，因此一定要快速进行辅料装饰的步骤。

虽然在同一个曲奇上可以沾上不同种类的麦片，但是那样味道会变得太复杂，因此建议每个曲奇上只沾一种麦片。甜度高的麦片更适合与曲奇搭配，味道清淡的麦片会被曲奇掩盖住其原有的味道。但是曲奇原料是没有标准选项的，请搭配自己喜欢的麦片做做看吧！

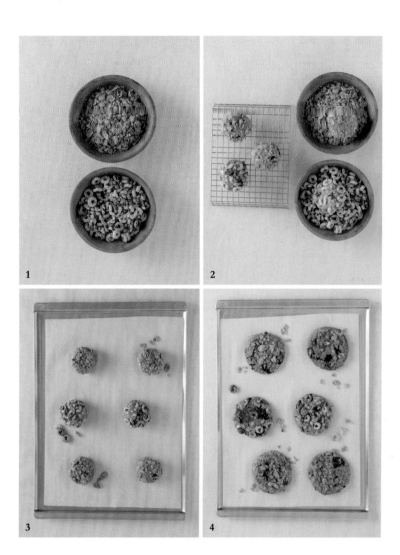

Nutella Heaven

能多益巧克力榛子酱曲奇

我经常会想象把曲奇掰开时从中流出巧克力夹心的样子，能多益巧克力榛子酱曲奇就是为了实现这样的想象而开发的。迫切想吃让人头脑瞬间清醒的甜食时，请一定要尝试这款曲奇。欢迎来到能多益巧克力榛子酱的魔法世界！这是传说中没有只吃过一次的人，只有没吃过的人的"恶魔之酱"！

烘焙时间	烘焙温度	数量
8分钟	180℃	10个

原 料 表

面糊

花生酱曲奇面糊（详见第60页）500克

辅料

能多益巧克力榛子酱 130克

准备工作

- 将能多益巧克力榛子酱放在冰格里冷冻1小时以上，每一格放10～13克即可。
- 将花生酱曲奇面糊等分成每份50克的小面团，捏成扁圆状。

制 作 步 骤

1 　取出提前冷冻好的能多益巧克力榛子酱。

2 　在铺好奶油包装纸的烤盘上以5厘米的间距摆放好面团。将面团横切成两半后，在其中一块面团中间放一块冷冻的能多益巧克力榛子酱。

　　小贴士：摆成"Z"字形才可避免烘烤过程中面团因膨胀发生粘连。

3 　用切下来的另外一块面团在冷冻的能多益巧克力榛子酱周围捏成火山口状，防止其流出。

　　小贴士：面团里放入能多益巧克力榛子酱后放进冰箱冷藏30分钟以上，在冰凉的状态下烘焙会更好。

4 　放进预热至180℃的烤箱里烤8分钟左右，烤到曲奇边缘呈轻微的褐色即可。

CRE8曲奇
笔记

用提前冻好的能多益巧克力榛子酱，制作起来会更容易。如果时间比较紧需要直接制作，那么请在面团中心挖出一个小洞后用勺子挖取13克能多益巧克力榛子酱放入即可。所用冰格不能太大，使用家庭用冰格就可以，每格约为一节手指关节的大小就刚刚好。

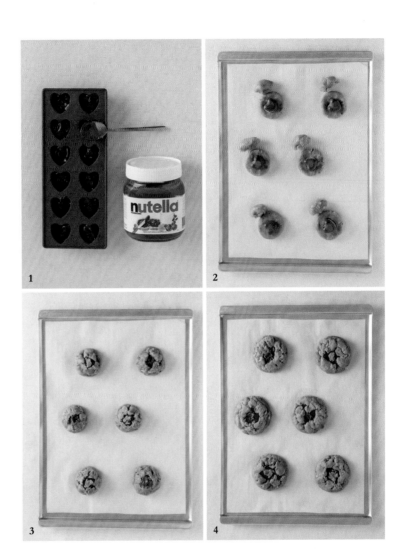

PB&J

花生酱与草莓酱曲奇

在美国作为早餐、午餐和零食最受欢迎的食品之一就是抹上花生酱和草莓酱的吐司面包，也称"PB&J三明治"。这款曲奇就是从它演变而来的。它在美国已经得到广泛认可，也积攒了不少稳定的爱好者，在韩国同样是人气满分，看来美食无论走到哪里都是受欢迎的！

烘焙时间
8分钟

烘焙温度
180℃

数量
10个

原 料 表

面糊

花生酱曲奇面糊
（详见第60页）500克

辅料

草莓酱 100克

准备工作

• 将花生酱曲奇面糊等分成每份50克的小面团，捏成扁圆状。

制 作 步 骤

1 在铺好奶油包装纸的烤盘上以5厘米的间距摆放好事先分好的面团。
小贴士：摆成"Z"字形才可避免烘烤过程中面团因膨胀发生粘连。

2 将面团横切成等量的两块后，在其中一块中间放10克草莓酱。

3 用切下来的另外一块面团在草莓酱边缘捏成火山口状，防止其流出。
小贴士：面团里放入草莓酱后放进冰箱冷藏30分钟以上，在冰凉的状态下烘焙会更好。

4 放进预热至180℃的烤箱里烤8分钟左右，烤到曲奇边缘呈轻微的褐色即可。

草莓酱是决定这款曲奇味道的关键因素。CRE8使用的是法国产巧婆婆四果酱（Bonne Maman Four Fruit Preserve），这款果酱由草莓、车厘子、红茶藨子、树莓4种水果混合制成，因此相比于一般的草莓酱，在口味上更加清爽、筋道。但是使用草莓酱的曲奇放置24小时后就会变得潮乎乎的，因此一定要在半天内吃才能享受到真正的美味。

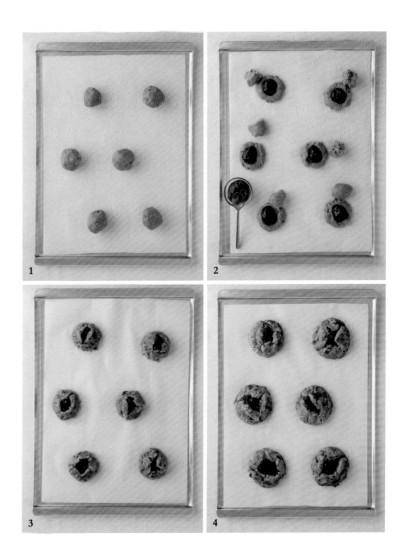

Coconut
Chocolate

椰子巧克力块曲奇

由于客人对椰子的评价好坏参半，因此我在要不要推出椰子系列曲奇时考虑了很久。作为椰子的铁杆粉丝，我无法满足于市面上售卖的那些只有一点点椰子香、口感干涩又坚硬的曲奇。CRE8毫不吝啬地使用足量纯正的椰子来增加清脆的口感，同时又保持了滋润柔和的巧克力块曲奇的魅力。

烘焙时间

8分钟

烘焙温度

180℃

数量

10个

原 料 表

面糊

经典巧克力块曲奇面糊
（详见第52页）600克

辅料

椰丝干 200克

准备工作

• 将经典巧克力块曲奇面糊等分成每份50克的小面团，捏成扁圆状。

制 作 步 骤

1 在碗里放入椰丝干，再将分好的小面团放进碗里一边翻滚一边用力按压，使面团表面均匀沾上椰丝干。

2 在铺好奶油包装纸的烤盘上以5厘米的间距摆放裹好椰丝干的面团，在面团上方再次撒上厚厚的椰丝干。

小贴士：摆成"Z"字形才可避免烘烤过程中面团因膨胀发生粘连。

3 放进预热至180℃的烤箱里烤8分钟左右，烤到曲奇边缘呈轻微的褐色即可。

椰丝干也有很多种，像图片里那种薄薄的椰丝干口感非常好。如果想体验更浓厚的椰子风味，在搅拌面糊时少放一些巧克力也是一个不错的方法。椰丝干可以在网上或者烘焙超市购买。

Oprah's Nutty Chocolate

奥普拉曲奇

据说脱口秀女王奥普拉·温弗瑞选出的最佳曲奇组合是添加椒盐卷饼与坚果类的巧克力块曲奇。出于对那个味道的强烈好奇心而制作出的曲奇便是这款奥普拉曲奇。前一天晚上做好，早上上班前搭配一杯香醇的咖啡食用会非常幸福哦。

烘焙时间	烘焙温度	数量
8分钟	180℃	10个

原 料 表

面糊

经典巧克力块曲奇面糊
（详见第52页）500克

辅料

核桃仁 20粒
椒盐卷饼 10~15个

准备工作

- 用手将核桃仁和椒盐卷饼掰成两半。
- 将经典巧克力块曲奇面糊等分成每份50克的小面团，捏成扁圆状。

制 作 步 骤

1   将掰成两半的核桃仁和椒盐卷饼分别装进碗里以方便拿取。

2   在铺好奶油包装纸的烤盘上以5厘米的间距摆放事前分好的面团。
    小贴士：摆成"Z"字形才可避免烘烤过程中面团因膨胀发生粘连。

3   在面团上方用力按压事先准备好的核桃仁和椒盐卷饼。

4   放进预热至180℃的烤箱里烤8分钟左右，烤到曲奇边缘呈轻微的褐色即可。

这款曲奇获得过奥普拉·温弗瑞的称赞，可想而知它在曲奇中的代表性地位。但并不一定要按照这个组合去选用辅料，这只是一个典型的案例而已。用一种面团可以做出100种不同的曲奇，请尽情地展开想象的翅膀，用自己最喜欢的辅料组合来制作世界上独一无二的曲奇吧！

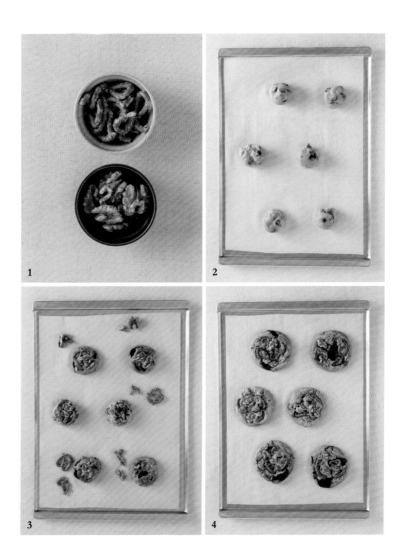

苹果肉桂曲奇 Apple Cinnamon

当凉爽的秋风给双肩增添一份凉意时，咖啡厅里的肉桂饮品和烘焙坊里光润的苹果派就会如期而至。也不知道是不是因为这些，说到秋天我的脑海里总会同时闪现香甜的苹果和肉桂的香气。为大家介绍一款能带来秋天气息的苹果肉桂曲奇吧。

烘焙时间	烘焙温度	数量
8分钟	180℃	10个

原 料 表

面糊	辅料
格兰诺拉燕麦早餐曲奇面糊（详见第74页）500克	苹果 1个

准备工作

• 将格兰诺拉燕麦早餐曲奇面糊等分成每份50克的小面团，捏成扁圆状。

制作步骤

1　将苹果切成厚0.5厘米、宽3厘米的扇形苹果片。

　　小贴士：苹果片切得过薄会减弱其清脆的口感；切得太厚则会让曲奇变得潮乎乎的，因此一定要参考图片里的形状切片哦。

2　在烤盘上平铺好苹果片，放进预热至150℃的烤箱烤15分钟左右，烤到呈亮棕色即可。

　　小贴士：烤到苹果片里的水分减少至如图所示，才能保证曲奇不会变得潮乎乎的。

3　在铺好奶油包装纸的烤盘上以5厘米的间距摆放好事前分好的小面团。将小面团横向切成等量的两块后在其中一块面团中间放4~5片烤好的苹果片。

　　小贴士：摆放好的苹果片要露出至面团边缘，做出来的曲奇才会看起来更诱人。

4　将另外一块面团捏成圆形盖住苹果片后，在最上方再安插2~3片苹果片。

5　放进预热至180℃的烤箱里烤8分钟左右，烤到曲奇和苹果片边缘呈轻微的褐色即可。

可以试着采用同样的方法，用菠萝、番薯、南瓜等代替苹果米制作不同的果派肉桂曲奇，做出更多美味又独特，而且营养丰富的曲奇，孩子们肯定也会喜欢的。充分利用冰箱里的各种食材挑战"扫冰曲奇"吧！（扫冰：扫空冰箱。）高级的曲奇外形和别致的美味轻而易举就能得到，在这个周末做一些苹果肉桂曲奇当零食怎么样？

Signature

第三部分

招牌热门曲奇

如此新颖的灵感是怎么获取的呢?

这是在每个季度推出CRE8新品曲奇时都会听到的疑问。

CRE8曲奇以其特有的时尚感,

向大家传递着制作曲奇的快乐。

然而这些丰富多彩的创意并不是出自我一人之手。

大家从得知我是曲奇店老板的那一刻起,

就会给我带来来自世界各地好点子。

而我的职责就是侧耳倾听那些故事,

从聊天中能发散出数十种创意,

尽管短时间内很难一一实现,

但我依然会认真聆听。

渐渐就会有更多的故事"登门拜访"，

此时，创作者需要做的就是洗耳恭听这些会行走的故事。

直到现在，在店铺里从早到晚都能听到不绝于耳的快门声。

在这里向大家介绍深受潮人和曲奇爱好者喜爱，

吃之前总会被拍照记录下来的热门曲奇，

还有那些把CRE8曲奇的名声推向世界各地的可爱的产品。

曲奇的世界没有标准答案。

想怎么做就怎么做，

就是制作曲奇的幸福。

亲切的叮嘱

本章的内容大家在家里也能轻松制作。去尝试制作那些只能在网络照片上见到的热门曲奇吧！本书中使用的辅料仅作为有代表性的案例介绍，请大家不要局限于此，自由自在地选择自己喜欢吃的食物做装饰辅料吧！

Teddy Bear S'mores

泰迪熊斯莫尔曲奇

斯莫尔是一款北美篝火文化的代表性露营甜品。其特点是在篝火上烤制棉花糖，再搭配上巧克力一起夹在薄脆饼干里像三明治一样吃。利用斯莫尔的材料，通过更具时尚感的方式进行二次创作的泰迪熊斯莫尔曲奇，看上去仿佛有一只泰迪熊正在享受棉花糖泡泡浴一样，让人感到赏心悦目，便是这款曲奇总是被不绝于耳的快门声围绕着的原因。

烘焙时间	烘焙温度	数量
2分钟	180℃	6个

原 料 表

面糊

双巧曲奇面糊（详见第56页）300克

辅料

棉花糖 12个
小熊饼干 24个
彩虹糖针 2克
牛奶巧克力 15克

准备工作

• 将等分成50克、捏成扁圆状的双巧曲奇面团放进预热至180℃的烤箱里烤8分钟左右。

• 给牛奶巧克力加热使其熔化。

制作步骤

1 用剪刀将棉花糖剪成两半，将刚出炉的双巧曲奇放在冷却架上降温。

2 在双巧曲奇表面放置4块棉花糖。
　　小贴士：若双巧曲奇表面有很多空隙，可酌情增加1~2块棉花糖，让棉花糖充分鼓
　　起来后完全盖住曲奇才美观。

3 放进预热至180℃的烤箱中烤1~2分钟，烤到棉花糖鼓得胖乎乎的即可。

4 曲奇出炉后尽快将小熊饼干按压在棉花糖上，再用喷火枪稍微烤一下棉花糖。

5 在曲奇表面淋上事前熔化好的牛奶巧克力。
　　小贴士：避开小熊饼干的位置，在棉花糖周围淋出细长的线条。

6 再在巧克力上均匀地撒上彩虹糖针。

CRE8曲奇
笔记

泰迪熊斯莫尔曲奇的外形取决于小熊饼干和彩虹糖针。各国都有很多种类的彩虹糖针，可以利用旅行的机会
抽空到当地的超市逛一逛。彩虹糖针的保质期较长，买回来后可以保存很长时间，可以备一些在家里，在需
要时拿出来用。

1 ⋯ ▶

2

3

4

5 ⋯ ▶

6

Rainbow Marshmallow S'mores

彩虹棉花糖曲奇

在泰迪熊斯莫尔曲奇引起强烈的反响之后，作为它的后续产品推出的这款彩虹棉花糖曲奇，迅速获得了小朋友们的欢迎，尤其在公司活动、幼儿园活动等特别定制单中占据了半壁江山，很明显是可以与泰迪熊斯莫尔曲奇平分秋色的抢镜曲奇。

烘焙时间	烘焙温度	数量
1~2分钟	180℃	6个

原 料 表

面糊

奥利奥曲奇面糊（详见第64页）300克

辅料

棉花糖 12个
奥利奥饼干 6个
迷你mm巧克力豆 40克

准备工作

- 将等分成50克、捏成扁圆状的奥利奥曲奇面团放进预热至180℃的烤箱里烤8分钟左右。
- 将奥利奥饼干等分成1/4大小。

制 作 步 骤

1 用剪刀将棉花糖对半剪开，将刚出炉的奥利奥曲奇放置在冷却架上降温。

2 在奥利奥曲奇表面放置4块剪成一半的棉花糖后，放进预热至180℃的烤箱中烤1～2
分钟，烤到棉花糖鼓得胖乎乎的即可。

小贴士：若奥利奥曲奇表面有很多空隙，可酌情增加1～2块棉花糖，让棉花糖充分
鼓起来后完全盖住曲奇才美观。

3 曲奇出炉后尽快将事前切成1/4大小的奥利奥饼干按压在棉花糖上。

小贴士：将奥利奥饼干的圆形边缘朝向棉花糖按压。

4 用喷火枪烤一下棉花糖。

5 将五颜六色的迷你mm巧克力豆轻轻按压在棉花糖上固定。

使用奥利奥曲奇时整体色泽和味道最为和谐，但是用经典巧克力块曲奇、双巧曲奇、薄荷巧克力曲奇代替也
无妨。到现在为止向大家介绍了2款棉花糖曲奇，那么接下来请大家变身为创作者自由自在地进行创作吧。肯
定会有更多更加可爱可口的"幸福曲奇"诞生的！

Rosy Cream Cheese

奶油芝士玫瑰曲奇

告诉你一个秘密！CRE8曲奇经常从澳洲的甜甜圈、美国的纸杯蛋糕上获得很多让人眼前一亮的灵感。如穿上迷人的礼服、散发着浪漫气息的奶油芝士玫瑰曲奇的装饰就是模仿纸杯蛋糕的糖霜制成的，甚至有了"爱神丘比特曲奇"的美称，因为它可以让收到的人为之神魂颠倒。

烘焙时间	烘焙温度	数量
6~7分钟	180℃	10个

原 料 表

面糊	糖霜原料	辅料
草莓曲奇面糊（详见第60页）250克	奶油芝士 200克 无盐黄油 50克 粉糖 90克 香草精 3克 红色食用色素 少许	珍珠糖珠 6克

准备工作

- 将草莓曲奇面糊等分成每份25克的小面团，并捏成扁圆状。
- 将无盐黄油和奶油芝士常温放置4小时以上，使其变得松软。

制作奶油芝士糖霜

1 将无盐黄油、香草精放入搅拌盆中，用电动搅拌机搅拌1分钟左右使其充分乳化。

2 分3次边过筛边加入粉糖后，低速搅拌均匀。
小贴士：请注意一次性放入过多粉糖或电动搅拌机的转速过快会导致粉糖四处飞散。

3 放入松软状态的奶油芝士后，中速搅拌30秒左右，完成糖霜。

4 取2只碗分装等量奶油芝士糖霜后，在其中一只碗里滴入2滴红色食用色素，用电动搅拌机搅拌至呈粉红色。

5 取一张裱花袋，将尖部剪去3厘米左右，套上惠尔通裱花嘴。

6 取2张裱花袋，各装入两种颜色的糖霜后，将尖部剪去2厘米左右。每张裱花袋里装半份做好的糖霜即可。
小贴士：装入太多糖霜会导致外层裱花袋无法同时装进2个装有糖霜的裱花袋。如果3个裱花袋尺寸相同，则相应减少糖霜的量，或者外层选用大一个尺寸的裱花袋。

7 把2个装有糖霜的裱花袋装进套有裱花嘴的外层裱花袋后，推动糖霜抵达裱花嘴的位置。将合成的裱花袋末端拧2～3次后用手掌包住，将裱花嘴夹在另一只手的拇指和食指之间开始挤糖霜，挤到两种颜色的糖霜可以同时被挤出就算大功告成。

1 ···▶

2

3

4 ···▶

5

6

7

制 作 步 骤

1. 在铺好奶油包装纸的烤盘上以5厘米的间距摆放事前分好的面团。

2. 放进预热至180℃的烤箱里烤6~7分钟，烤到曲奇边缘呈轻微的褐色即可。将出炉的草莓曲奇放在冷却架上进行降温。

3. 双手包住事前装好糖霜的裱花袋，将裱花嘴夹在拇指和食指中间，从中间开始向外画2圈，做出玫瑰状的糖霜。

4. 在糖霜表面放5~6颗珍珠糖珠。

第一次挤糖霜时因为不熟练可能会失败，所以不要直接挤在曲奇上，建议先在盘子上充分练习。练习时挤出的糖霜可再次放回裱花袋里使用。

奶油芝士糖霜在常温放置10~20分钟后会变得更加柔和，更容易挤出有形的花，但是在常温放置4~5小时及以上时就可能会变质，因此做出来的曲奇一定要冷藏保存并且当天食用完。

Lemon Curd Strawberry

柠檬草莓曲奇

在汗流浃背的炎热盛夏，躲在开足冷气的房间里咬下一大口添加柠檬凝乳的派是多么幸福的一件事情啊！我突然想到是不是可以把柠檬的清爽和草莓柔和的甜味照搬到曲奇上，于是诞生了只要一上架就会被抢购一空的柠檬草莓曲奇——夺人眼球的外形加上柠檬和草莓的组合，真是个人见人爱的小可爱。

烘焙时间
10分钟左右

烘焙温度
180℃

数量
10个

原 料 表

面糊

草莓曲奇面糊（详见第68页）500克

柠檬凝乳

炼乳 195克
柠檬汁 100克
水 25克
明胶粉 2克
黄色食用色素 少许
（以10个曲奇的分量计算，需100克）

辅料

白巧克力 100克
冻干草莓碎 5克

准备工作

• 将草莓曲奇面糊等分成每份50克的小面团，并捏成扁圆状。
• 将白巧克力加热至呈液体状。

制作柠檬凝乳

1   在温水里放入明胶粉，用打蛋器搅拌均匀后常温放置5分钟左右，确认其表层是否凝固成啫喱状。

2   在锅里倒入100克柠檬汁后以中火煮开，等到其轻微沸腾时立即关火。

3   在明胶粉里倒入煮开的柠檬汁，用打蛋器搅拌至看不见明胶粉末，再放入炼乳继续用打蛋器搅拌均匀。

4   滴入2～3滴黄色食用色素后搅拌均匀。
    小贴士：可酌情多放2～3滴食用色素，直到调出满意的颜色。

柠檬凝乳可密封冷藏保存1～2周，冷藏后若出现啫喱状凝固现象，加热熔化后再使用即可。

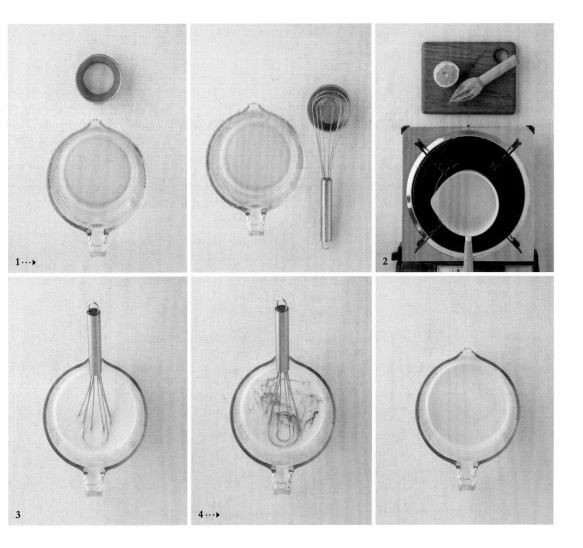

1 ···▶

2

3

4 ···▶

制作步骤

1 在铺好奶油包装纸的烤盘上以5厘米的间距摆放事前分好的面团。放进预热至180℃的烤箱里烤8分钟左右，烤到草莓曲奇边缘呈轻微的褐色即可。

2 在刚出炉的草莓曲奇表面，趁热用直径约4厘米的杯底按压出可盛放柠檬凝乳的凹印。

   小贴士：凹印的深度相当于曲奇厚度的一半即可。若在按压过程中不小心出现裂痕，一定要用手指修补完整，若对裂痕置之不理，会导致倒进去的柠檬凝乳从裂缝全部流出。

3 放进预热至180℃的烤箱里烤1～2分钟固定形状后取出，再次用杯底按压凹印整理其形状。

4 将液体状的柠檬凝乳倒进带有引流嘴的量杯或容器里。

   小贴士：提前制作好并冷藏保管的柠檬凝乳若出现啫喱状凝固现象，则加热熔化后再使用即可。

5 待草莓曲奇完全冷却后在凹印里倒满柠檬凝乳并冷藏3小时以上，确认柠檬凝乳是否凝固成啫喱状。

6 将提前熔化好的白巧克力轻轻淋在曲奇表面上。

7 在白巧克力上撒上冻干草莓碎。

通常用于柠檬派上的柠檬凝乳制作起来极其复杂。在CRE8曲奇，去除了使用鸡蛋的步骤并且简化了在家制作起来有难度的所有过程。改良后的制作方法让初学者也可以轻松制作出高级的味道，所以放心地挑战吧！真的比你想象的简单很多。

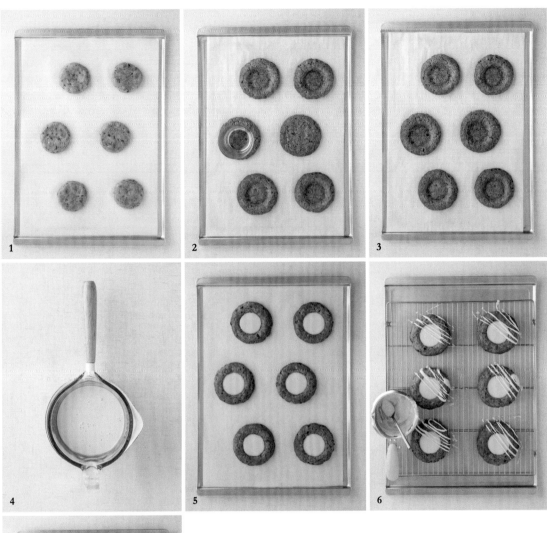

Christmas
Rudolph

圣诞驯鹿鲁道夫曲奇

一到曲奇的季节——圣诞来临时，红鼻子的驯鹿鲁道夫形状的曲奇便成了最佳人气产品，不分男女老少肯定会把圣诞驯鹿鲁道夫曲奇第一个夹到自己的购物托盘里，也有很多店铺模仿制作。这真是个可爱的小家伙！那么接下来就向大家介绍原汁原味的配方啦！

烘焙时间	烘焙温度	数量
9分钟左右	180℃	10个

原 料 表

面糊

花生酱曲奇面糊（详见第60页）500克

辅料

椒盐卷饼 20个
红色mm巧克力豆 10个
瓜子仁巧克力 20个

准备工作

• 将花生酱曲奇面糊等分成每份50克的小面团，捏成扁圆状。

制 作 步 骤

1　在铺好奶油包装纸的烤盘上以5厘米的间距摆放事前分好的面团。放进预热至180℃的烤箱里烤7分钟左右，烤到花生酱曲奇边缘呈轻微的褐色即可。

　　小贴士：将面团表面整理光滑，烤出来的驯鹿鲁道夫脸上才不会有皱纹。

2　趁热在刚出炉的花生酱曲奇上方各按插两个椒盐卷饼作为驯鹿鲁道夫的鹿角。全部插完后再次放进预热至180℃的烤箱里烤1~2分钟。

3　趁热在刚出炉的曲奇表面正中心向下一点的位置安插一颗红色mm巧克力豆，作为驯鹿鲁道夫的鼻子。

4　将2粒瓜子仁巧克力按插在鼻子上方，作为驯鹿鲁道夫的眼睛。

在鹿角的位置按插1/2大小的奥利奥曲奇，在红色鼻子的位置按插棕色mm巧克力豆就是可爱的小熊形状曲奇了。在圣诞驯鹿鲁道夫曲奇的基础上发挥更多的想象力来试试其他小动物吧！摆好盘，"喀嚓！"，再传到网上，肯定会获得爆表的点赞数，绝对是爆款。

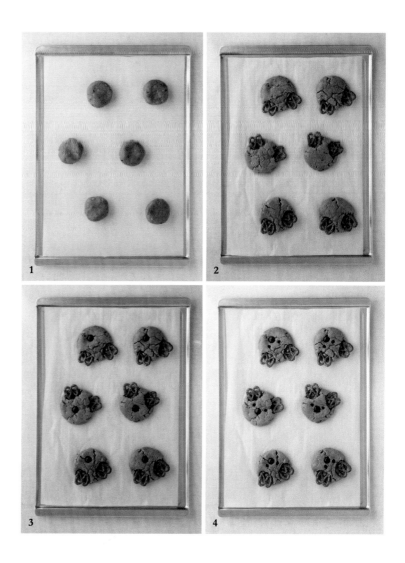

Signature Cookie Cake

招牌曲奇蛋糕

在美国可以经常接触到曲奇蛋糕，但是在韩国根本找不到。美式传统曲奇蛋糕的外形真的是粗糙得一言难尽，实在是不想照搬过来，于是我通过辅料装饰做了改良，让它的颜值一下子高了很多。

烘焙时间	烘焙温度	数量
26分钟左右	150℃	1个

原 料 表

面糊

经典巧克力块曲奇面糊
（详见第52页）300克
双巧曲奇面糊（详见第56页）300克

工具

1号蛋糕模具
喷火枪

辅料

牛奶巧克力 100克
棉花糖 7个
小熊饼干 6个
彩虹装饰糖 5克

准备工作

- 将经典巧克力曲奇面糊、双巧曲奇面糊等分成每份50克的小面团，捏成扁圆状。
- 用剪刀将棉花糖剪成两半。
- 将白巧克力加热至熔化。

制 作 步 骤

1 在1号蛋糕模具底部铺上一层奶油包装纸。

2 将提前分好的经典巧克力曲奇面糊沿着模具的边缘摆放整齐；双巧曲奇面糊则整齐
地摆放在中间的位置。

3 放进预热至150℃的烤箱里烤20～25分钟。将牙签插进蛋糕中间再取出时，牙签上
没有面糊就可以取出冷却30分钟以上。冷却后取下蛋糕模具。

4 沿着两种面团相接的交界处，整齐地摆上一圈剪好的棉花糖。

5 放进预热至150℃的烤箱里烤1分钟左右，用喷火枪将膨胀得白胖胖的棉花糖轻微烤
一下。

6 在棉花糖上轻轻淋上提前熔化好的牛奶巧克力。

7 将小熊饼干插在棉花糖上。

8 将彩虹装饰糖均匀地撒在棉花糖上，要避免扎堆摆放。

在特殊的日子，可以将漂亮的照片打印出来粘在牙签上制作成手工蛋糕插件，通过这些细节可以瞬间营造出
派对的氛围。和家人、朋友、恋人一起根据自己的喜好加上各种各样的辅料装饰，制造出专属于自己的美好
回忆吧！

Signature Cookie Latte

BEST

招牌曲奇拿铁

这是一款将CRE8在社交网站上打造成网红打卡地的代表性饮品。灵感来自"烤布蕾"甜品，将柔和细腻的牛奶泡沫上的砂糖用火烤一下，制作出脆脆的焦糖层，是一款非常特别的咖啡饮品。穿过清脆的焦糖层舀出一大勺牛奶泡沫再大口吃掉，将放在杯口的曲奇拿下来沾上满满的牛奶泡沫后大咬一口——你一定会不由自主地哼起小曲儿来的！

原 料 表

基础材料

意式浓缩咖啡 35毫升
牛奶 80毫升
牛奶（打泡用）100毫升
炼乳 20克
冰块 6~8个
白砂糖 1克
曲奇 1/2个

工具

喷火枪
窄口高玻璃杯

制 作 步 骤

1 用法压壶或牛奶打泡器打出奶泡。

小贴士：用法压壶打泡时，第一次上下大动作打压3～4次后，在离牛奶表面上方5厘米的位置小幅度打压15次左右，便可制作出厚实细密的奶泡。

2 向杯中倒入炼乳和牛奶后充分搅匀至炼乳完全溶化。

3 放入冰块后轻轻倒入意式浓缩咖啡，增加层次感。

4 加上满满的奶泡。

5 将白砂糖均匀地撒在奶泡上方，用喷火枪焦化。

6 将切成一半的曲奇放在杯口。

小贴士：此时流出来的奶泡有助于提升其整体颜值。

可以借助平时舍不得用的玻璃杯增加亮点。能够清晰地看到杯中饮品的层次感的玻璃杯，加上杯身自带的复古花纹或可爱的卡通形象，无需过多的装饰就会很时尚，非常适合拍照。杯口不能太大，因为它需要稳固地托住放在杯口的曲奇。

BEST

Cookie Affogato

曲奇阿芙佳朵

冰淇淋、意式浓缩咖啡和曲奇是光想象一下也能够让人着迷的完美组合。怎么样才能做得更好看一些是这款产品需要解决的最大问题。我整整花了一个季度的时间才完成这个创作，是在吃法和整体构思上都花了很多心思的一款甜品。请在家尽情享受占领网络热帖的那款CRE8招牌甜品吧。

原 料 表

基础材料

香草冰淇淋 90克

意式浓缩咖啡 35毫升

奥利奥曲奇（详见第64页）1个

彩虹棉花糖曲奇（详见第148页）1/4个

工具

小尺寸试管

圆形矮玻璃杯

制 作 步 骤

1   在玻璃杯中加入30克香草冰淇淋，用力按压并填满杯底。

2   将奥利奥曲奇分成一口大小的小块后放在冰淇淋上方。

3   将60克香草冰淇淋放在曲奇上方。

4   在试管里倒入适量的意式浓缩咖啡后，将剩余的咖啡浇在冰淇淋上。

5   将装有意式浓缩咖啡的试管斜插在一侧后，放上彩虹棉花糖曲奇块。

     小贴士：顶部装饰适合使用颜色丰富、造型华丽的曲奇。

曲奇阿芙佳朵成功的秘诀在于美味的冰淇淋。CRE8曲奇使用的是哈根达斯（Haagen-Dazs）的香草冰淇淋，也可以根据自己的口味选择不同的产品。提前用冰淇淋勺将冰淇淋挖出来冷冻保存后再使用，可以防止制作过程中冰淇淋到处流淌，让整个制作过程干净利落。

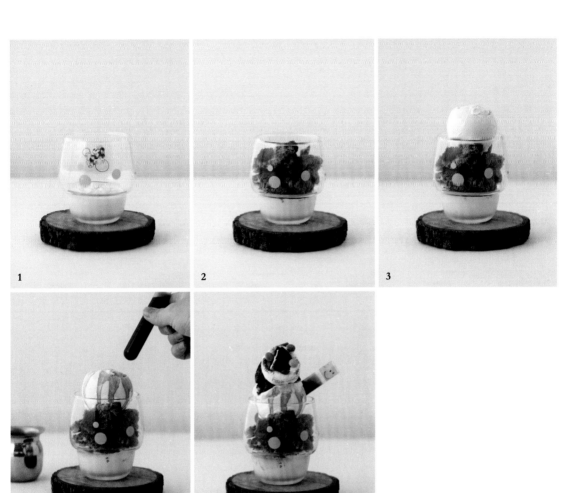